昆虫の行動の仕組み

小さな脳による制御とロボットへの応用

山脇兆史［著］

コーディネーター　巌佐　庸

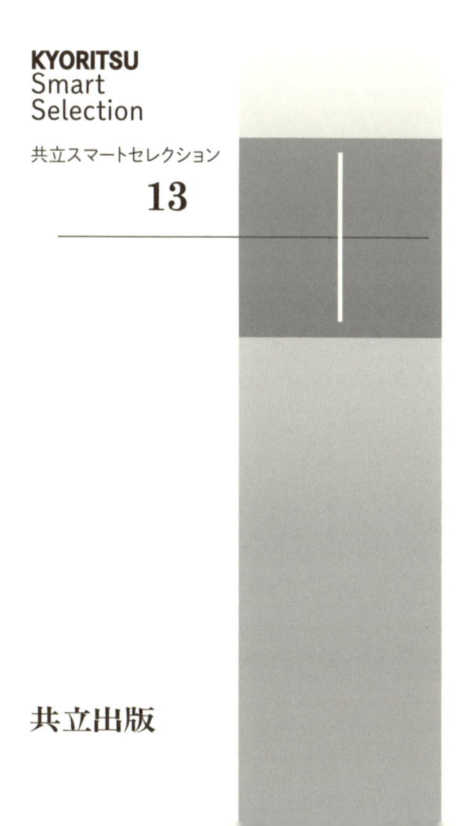

共立出版

まえがき

昆虫の研究をしていると，「昆虫がお好きなのですね」とか，「なんのために昆虫を研究するのですか」といわれることが多い．これらの発言や質問の本音は，「昆虫なんか研究して何の意味があるのですか」というちょっとした批判だ．1つ目の発言は一見当たり障りのないものだが，好きでなければわざわざ研究なんかしないだろう，という思い込みを表している．本書は，これらの発言や質問に対する私なりの返答である．

私は特に昆虫が好きで好きでたまらない，というわけではない．動物の「行動の仕組み」に興味があり，たまたま研究対象として選んだ動物が昆虫だっただけである．その点で，私は学会においてイソップ童話のコウモリのような存在かもしれない．昆虫好きが集まる学会ではその情熱についていけず，神経科学を対象とした学会ではその細かさと難解さに辟易することがたまにある．私は「仕組み」に興味があって，仕組みを構成する「部品」そのものにはそれほど興味がないからだ（もちろん，あまり興味がないからといって勉強しないわけではなく，研究上の必要性から昆虫や神経科学の知識を蓄えるように努めている）．別の言葉で言い直せば，私が一番興味をもっているのは行動の「アルゴリズム」である．その意味するところは，第1章を読んでもらえれば理解していただけると思う．

昆虫が好きでなければ昆虫の研究をしてはいけない，というルールがあるわけではない．恋愛と同じように，あるものが好きすぎると過大評価してしまい，客観的な判断が難しくなる．一方，嫌いなものは研究する気にならない．熱くなりすぎずに少し冷めた目で見るのが，ちょうどよい科学的な態度のはずだ．

そんな私でも，昆虫の運動能力の素晴らしさに感嘆することがある．昆虫は，脊椎動物に比べて極めて小さい脳しかもっていない．それにもかかわらず，障害物を避けて飛んだり，すばやく動く餌を捕まえたり，捕食者の襲撃をかわしたりすることができる．これらの行動の具体的な例に関しては，第2～5章をご覧いただきたい．ハエ，ミツバチ，カマキリなどのいろいろな昆虫を対象に，行動の仕組みをできる限り簡単に説明している．その仕組みの巧妙さや面白さが少しでも伝わると嬉しいところだ．そして，それでは物足りない読者のために，第6章と第7章では行動を制御する筋肉や神経系について解説している．動物行動学と神経科学の間に立ち，昆虫と脊椎動物の両方について勉強している私だからこそできる解説を試みたつもりだ．しかし，難しく感じた場合には，読み飛ばしてもらっても差し支えないだろう．

最後の第8章では，昆虫の研究が何の役に立つのか，という疑問に対する返答として，昆虫の行動の仕組みをロボットに応用した例を紹介する．ミツバチが安定して飛翔する仕組みを備えたヘリコプターや，ナナフシの六足歩行を真似たロボットなどが登場する．ロボット技術の発展に伴い，昆虫が小さな脳で複雑な行動を行う仕組みを調べることが，今後ますます重要になってくるかもしれない．昆虫に限らず，生き物から人間が学べることはまだまだ沢山あると思う．そのためには，何の役に立つのかという短期的な視点から少し離れて，生き物の仕組みの面白さを楽しむ心が必要だ．どんな人でも，何かの生き物に興味をもっていた時期が昔はあったのではないだろうか．この本が，そんな幼い頃の好奇心を呼び覚ますきっかけになってくれればと願っている.

2017 年 2 月

山脇兆史

目　次

はじめに

1.1 昆虫の素早い動きの秘密〜微小脳〜

子どもの頃に昆虫採集を楽しんだ経験がある人は多いだろう．セミは網が届きさえすれば簡単に捕まり，草の上にとまっているバッタも採集はそれほど難しくない．一方，トンボは人が近づくとすぐに逃げることが多い（図 1.1）．飛んでいるトンボを捕まえるのは滅多に成功しないので，捕まえた時の喜びはそれだけ大きい（アダム・スミスがいったように，価値はそれに必要な労働力で決まるらしい）．トンボは優れた感覚と運動能力をもち，水鉄砲で撃っても全くあたらない．それを可能にする昆虫の脳や神経系の秘密を，この本では紹介しようと思う．

北海道大学教授の水波誠氏は，昆虫の脳の特性を「微小脳」という言葉で表現した[1]．詳細はその著書にあたってもらうとし，ここでは簡単に論旨を説明する．水波氏は，微小脳とは外骨格をもつ動物の脳である，と定義している．昆虫や甲殻類などは体の外側に硬

図 1.1　捕獲が難しいオニヤンマ
捕獲：長瀬美穂子，撮影：藤木健太郎.

い殻をもつことで体を支えており，これを外骨格と呼ぶ．外骨格は物理的な力に対する防御に優れているものの，いくつかの欠点がある．

たとえば，外骨格の動物では体のサイズを大きくすることが難しいようだ．東京工業大学名誉教授の本川達雄氏は，昆虫の外骨格の深刻な欠点は脱皮にあると述べている[2)]．昆虫の外骨格は表皮から出た分泌物が固まったもので，クチクラと呼ばれる．クチクラはいったん固まるとほとんど伸びないため，昆虫は成長のために定期的に外側の殻を脱ぐ．これを脱皮と呼び，脱皮の間は完全に無防備な状態になる（図 1.2）．殻を脱いでいる間は身動きがとれないし，脱ぎ終わった後も新しい殻が固まるまであまり動けない．体が大きくなればなるほど，脱皮自体にかかる時間も脱皮後に新しい殻が固まるまでの時間も長くなる．その間に捕食者に見つかったら終わりである．また，あまりに体が大きいと，脱皮後の新しく柔らかい殻では，その体重を支えきれなくなる．カマキリはぶら下がった状態で脱皮することで，この問題を回避している．しかし，新しい皮が固まる前に地面に落ちてしまった不運な個体は，自らの重さで体が変形してしまう．

図 1.2　脱皮中のフタホシコオロギ
撮影：藤木健太郎.

昆虫では，気管の存在が脱皮をさらに困難にしているようだ．昆虫は肺などの呼吸系をもっていない．代わりに体の表面にいくつか穴が空いており，そこから細い管が枝分かれしながら体内の隅々にまで入り込んでいる．これを気管と呼び，この仕組みによって酸素を直接体内に届ける．気管の表面もクチクラで覆われているため，脱皮の際にはそれらも脱ぎ捨てる．体が大きくなればなるほど気管の長さも増すため，脱皮はますます困難になると考えられる．カニやエビも脱皮をするが，それらは水中に棲んでいて気管が必要ないため，昆虫よりも大きく成長できるようだ．また，水中では浮力があり，脱皮直後の柔らかい殻でも体を支えることができると思われる．

これらの欠点から，昆虫は大きくなることができず，体が小さければ必然的に脳も小さくなる．実際に昆虫の頭を解剖してみると，脳は思ったよりもさらに小さい（図 1.3）．細胞のサイズが小さくなるには限界があるため，脳が小さくなれば，脳を構成する神経細胞（ニューロン）はどうしても少なくなる．この少ない数のニューロンで，巨大な脳をもつ脊椎動物に負けない優れた運動能力を見せるために，昆虫の神経系にはさまざまな工夫がこらされている．水波氏は，昆虫の微小脳の特性を，正確さを犠牲にして速さを優先している，と表現した．哺乳類の場合，眼や耳などの末梢の感覚系か

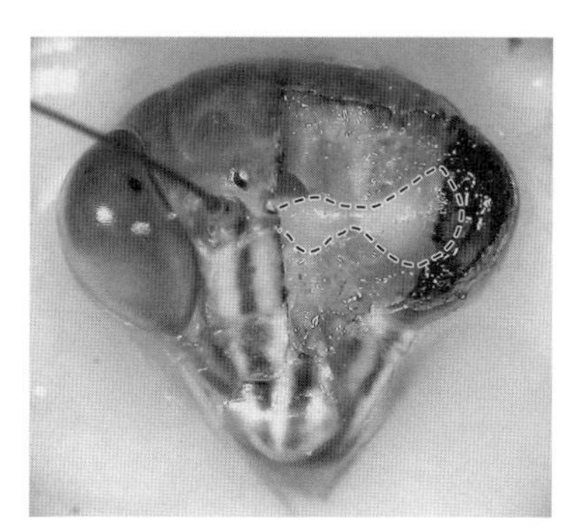

図 1.3　カマキリの脳
点線で囲った部分が脳（左半分）.

ら大量の情報が脳に集められる．そして脳において，それらの情報から生きていく上で重要なものを選び，さらに計算処理を行う．一方，昆虫は末梢の感覚系で情報の取捨選択をある程度行い，中枢での計算量を少なくすることで，速い応答を可能にしていると思われる．

以上の話をまとめると，昆虫は小さな体と小さな脳をもつため，脳における情報の処理を少なくしている動物といえる（表 1.1）．しかし，昆虫の運動が不正確とは私には思えない．どんな運動でも正確さが必要なはずだ．昆虫は体が小さく軽いからこそ，飛翔においてはバランスをうまくとらないと思わぬ方向へ飛ばされてしまうだろう．また，捕食者から逃げている最中に転んだら食べられてしまう．昆虫には，小さな脳で正確な制御を行う巧妙な仕組みがあるはずだ，と私は考えている．

1.2 昆虫の研究を始めた理由

冒頭で昆虫採集の例を挙げたものの，私自身は俗にいう昆虫少年だったわけではない．宇宙，恐竜の化石，モーターの仕組みやコン

表 1.1　脊椎動物と昆虫の比較

表は文献 1 より改変引用．ヒトの脳の模式図は参考文献 1 をもとに作成．

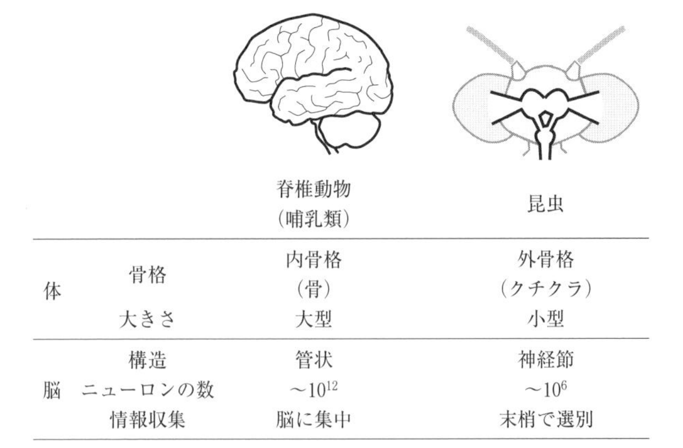

		脊椎動物（哺乳類）	昆虫
体	骨格	内骨格（骨）	外骨格（クチクラ）
	大きさ	大型	小型
脳	構造	管状	神経節
	ニューロンの数	$\sim 10^{12}$	$\sim 10^{6}$
	情報収集	脳に集中	末梢で選別

ピュータなど，よくいえば科学全般に興味をもった，悪くいえば 1 つのことに集中できないタイプの子どもだった．本物の昆虫少年だった人の圧倒的な知識量には，全くかなわない．しかし私の場合，一貫していたのは観察好きなところであり，聴覚，嗅覚，味覚，触覚より何より視覚が優位だった．子どもの頃は，庭のアリの巣を飽きずにずっと眺めていたものだ．観察や実験が好きなことから小学生で何となく科学者に憧れ，高校生の頃には生物学への興味が高まり，本気で研究者になるつもりでいた．当時，利根川進博士がノーベル賞を受賞したのが大きかった（つい最近テレビでまだ現役として研究を続けているのを見たが，つくづくすごい人物だと思う）．

大学生になり，講義や実験でさまざまな生物学に触れたものの，分子生物学には全く興味を惹かれなかった．たぶん，分子は直に目で見えないからだろう．寒天に生えた大腸菌のコロニーも，ゲルを流れる DNA 断片のバンドたちも，私の心を捉えなかった．ある意味，生物学に幻滅した私は，卒業研究で宮田隆先生の理論生物物理学（分子進化学）の研究室を選び，そのまま大学院に進学した．それは，コンピュータが得意だったからと，生物学の研究にコンピュータが役に立つということが新鮮に思えたからである．今現在，膨大なゲノム情報が解読され，遺伝子間のネットワークの複雑さばかりがどんどん明らかになる中，コンピュータによる解析はますます重要となっている．その点で，私の直感は正しかったといえよう．

しかし，私はまたしても理論生物物理学への興味を失ってしまった．そして，今ではもうきっかけさえ忘れてしまったが，動物行動学研究室の今福道夫先生のもとへ相談にいったのである．コンピュータ上の情報ではなく，生身の生物に触れる研究がしたい，というのが動機だったように思うのだが，後づけした理屈のような気もして定かではない．今福先生から聞いた動物行動学の話は，ついに私の心を捉えた．トゲウオの雄は腹側が赤い物体に攻撃するなど，昔の動物行動学の教科書では定番だった話を聞いたように思う（正直にいえば，それも記憶が定かでない）．普通に講義に出ていれば動物行動学の話を聞く機会があったはずなのだが，学部生時代に生態学などの講義を私は全く受けていなかったのだ．生態学は野外で生き物を採集する学問ぐらいの誤った認識しかなく，動物行動学も同様の扱いだった．しかしそれは大きく間違っていて，動物行動学は動物の行動を扱いさえすれば何でもありの間口の広い学問だった．研究室へ入ることを希望した結果，今福先生は路頭に迷っていた私を快く受け入れてくれた．その理由も今となっては謎である．後から聞いて知ったのだが，動物行動学研究室は人気の研究室で，大学院の入試で優秀な成績を収めた学生だけが入れるところだった．もし，初めから動物行動学を志望して大学院を受験していたら，ろくに講義を受けていなかった私は落ちていたに違いなかった．遠回りも時には役に立つことがあるものだ．そして，この研究室の変更の際には，宮田先生にもずいぶんとお世話になった．今にして振り返ってみると，迷惑しかかけていない困った学生であったように思う．

このように紆余曲折して入った動物行動学研究室は，大学院生が各自勝手に研究テーマを決めて，研究手法も自分で考えて何とかするという，恐るべきところだった．今でもそうであるらしく，今後もそうあってほしいと願っている．そこで，私も自分の研究テーマをどうするか考えた．まず思いついたのは，視覚の研究をすることだった．自分にとって重要な感覚である視覚の仕組みを知りたいと思ったのである．そして，どうせ視覚を調べるのなら，あまり人がやっていないことをやろうと思った．霊長類の視覚の研究は当時（そして今も）盛んに行われていたので，昆虫の視覚を調べようと考え，中でも視覚が発達していそうなカマキリを選択した．この決定に至るまでに，どれだけの時間考えたのかは覚えていない．しかし，よく調べて熟考した結果ではないのは確かである．なぜなら，その当時すでに昆虫の視覚系の研究は盛んに行われていたからだ．そのことは研究を進めるにつれてどんどん明らかになっていたが，その時は全くわかっていなかった．昆虫を選んだ理由はほかにもあり，それは大学院生であっても自力で調達して実験が可能であったからだ．霊長類の視覚を研究するにはそれなりの実験設備が必要で，とても学生が個人的に用意するのは無理だった．

いったん，カマキリの視覚を研究すると決めると，後の流れは自然に決まっていったように思う．論文を調べると，意外にカマキリの研究は行われていることがわかった．その中に，コンピュータのディスプレイに動く正方形などの視覚刺激を提示することで捕獲行動を引き起こす実験があり，自分もそれをやってみようと思った．他人によってすでに行われているのにやってみる気になったのは，その研究が全く不十分であると感じたからだ（今思うと学生のくせに不遜な輩である）．また，それは自力で可能な実験でもあった．コンピュータで図形を表示して動かすのは，子どもの頃からコンピュータプログラミングに慣れ親しんできた私にとっては簡単なことだった．自分でゲームを作りたいがために学んだプログラミングが，その時にはとても役に立った．自分でプログラミングができなかったら，違う研究を選ばざるをえず，その結果どうなっていたかわからない．もしかしたら，研究者にはなれなかったかもしれない．小学生だった私に（当時マイコンと呼ばれていた）パソコンを買ってくれた両親には，とても感謝している．私自身も親になった今ならよくわかるが，いくら子どものためとはいえ，ろくに使えるかどうかわからないものに決して安くはない金額を払うのは躊躇したはずだ．そして，コンピュータへ興味をもったきっかけは，「こんにちはマイコン」という学習漫画だった．作者のすがやみつる氏にも感謝せねばなるまい．

1.3 アルゴリズムという考え方

釈明しておくが，ゲームが好きであるという理由だけでは，それほどプログラミングに没頭しなかっただろう．私を惹きつけたのはアルゴリズムという考え方だった．プログラミングでコンピュータにやってほしいことを伝えるには，こと細かく手順を考えて指示しなければならない．たとえば，ロボットにコンビニへ行ってお茶を買ってきてもらうにはどうしたらよいだろう．コンビニの位置を教え，お茶とは何かを教えるだけでは駄目だ．お茶をもってレジに行き，店員がいった言葉を認識して，値段分のお金を払う，という手順を教えてもまだ足りない．先にお客がいたら，その後ろで待っていないといけないし，待っていたら店員がもう1つのレジを開けて「こちらのレジにどうぞ」と声をかけてくるかもしれない．そもそも，ほしいお茶がなかった時にはどうすべきなのか．このように起こりうるすべてのパターンを考えてやって，前もって対処法を教えておかなければ，コンピュータは止まってしまうか，予想外の行動に出る．厳密な言い方ではないが，ある特定の課題に対処するための手順をアルゴリズムと呼ぶと考えてもいいだろう．単純な計算ではそれほど必要ないが，たとえば数字を大きい順に並べるような作業でも，ちょっとしたアルゴリズムを考える必要がある（読者の皆さんはすぐに思いつくだろうか？）．アルゴリズムを考える作業は，楽しい人にはとても楽しい．考えに考え抜いたアルゴリズムがうまく働いた時の嬉しさは，何に例えるのが適切なのか思いつかない．NHK 教育テレビのピタゴラスイッチの面白さ，といえば少しは伝わるだろうか．

そうしたアルゴリズムへの興味が，昆虫の視覚の仕組みを調べることと，私の中で結びついた．カマキリが他の昆虫を餌と認識する方法にも，もちろんアルゴリズムが存在するはずだ．そのアルゴリズムを知ることが私の研究目的になった．その当時に読んだ，理論神経科学者のデビッド・マーの本も私に大きな影響を与えた．彼の著書『ビジョン―視覚の計算理論と脳内表現』は，今でも私の本棚で最もとりやすい位置に鎮座している．その著書においてマーは，脳のように情報を処理する装置の理解には，3つのレベルで分けて考えることが重要であると指摘した[3]．計算理論，アルゴリズム，ハードウェアの3つである（表1.2）．計算理論とは，最終的に何をしたいのか，その目的のレベルともいえる．たとえば，ヒトやサルは両眼を使って見ることで，木や岩などの物体までの距離を知るこ

表 1.2　情報処理を理解するための３つのレベル
文献３より改変引用.

レベル	説明	カードを４人に配る課題の場合
計算理論	情報処理の目的	割り算（4 で割る）
アルゴリズム	計算を実行するための手順	例 1：カードを 1 枚ずつ全員に配る 例 2：カードの山を半分にし，それぞれの山をさらに半分にする 例 1　例 2 (1)　(2)
ハードウェア	アルゴリズムを物理的に実現する装置	例 1：1 人がカードを配る 例 2：各自がカードの山から 1 枚ずつとる

とができる．これを両眼立体視と呼ぶ．この場合，左右の眼の網膜に映った情報から，周囲の物体の立体的な形を推定するのが目的であるとマーは考えた．それがどんな計算に相当するのかを考えるのが，計算理論である．計算理論のレベルで考えることで，両眼立体視の課題は解答が常に得られるわけではない難しい問題であることがわかる．立体的な形は三次元（縦，横，奥行き）なのに対し，網膜に映る情報は二次元（縦，横）しかないからだ．一方，ハードウェアのレベルは，具体的にどう実現するかというレベルである．実際に，どんな神経回路が両眼立体視を可能にするのかを考えるのだ．それを理解するには，部品であるニューロンの性質や，ニューロン同士が相互作用する部位であるシナプスの性質などを知る必要がある．この理屈を突き進めた結果，脳の仕組みが知りたいという出発点から，シナプスに存在するタンパク質の研究に行きついてしまった人もいる．

では，アルゴリズムのレベルとは何か．すでに少し説明したが，それはハードウェアとは基本的に独立した，抽象的なレベルでの手順のことである．単純な例で説明を試みよう．トランプでババ抜きをするために，カードを4人に配るという課題を考えてみる．この課題を計算理論のレベルで考えると，カード（53枚）を人数（4）で割るという計算が必要なことがわかる．そこから，必然的に1人は他の人より1枚多くなることもわかる．この課題を行うためのアルゴリズムは，割り算という計算行為を実際に行うための手順といえる．そして，そのアルゴリズムは無数にある．各自に1枚ずつ，なくなるまで配るのが普通だが，カードの山を同じ程度の高さになるように半分に分け，2つの山それぞれをさらに半分に分けてもよい．後者の場合は結果が不正確になるかもしれないが，4で割る行為であるのは一緒である．このように，計算理論はアルゴリズムを制限するものの，ある特定の1つに決定はしない．そして，ハードウェアによる実装のレベル，つまり実際にカードを配る手段も無数にある．1人が全員に配ってもよいし，各自がカードの山から自分の分をとってもいい．全自動麻雀卓のように，カードを配る機械を作成するのも不可能ではない．このハードウェアによる実装も，アルゴリズムによって1つに決まるわけではない．計算理論，アルゴリズム，ハードウェアの3つのレベルはある程度独立している，というのが慧眼にもデビッド・マーが見抜いたことだった．独立とはどういうことか．それは，ハードウェアの知識がなくても，アルゴリズムは理解できるということだ．

1.4 この本の狙い

そこで，この本ではアルゴリズムに焦点をあてることで，（生物のハードウェアである）脳や神経系の知識がほとんどなくても理解できるような説明を心がけたいと思う．そのために，教科書のようなまとまった構成をとらずに，必要になったらその都度説明するスタイルをとる．また，この本では，イチゴのショートケーキのイチゴを最初に食べる戦略を採用する．つまり，楽しみを最後にとっておくようなことはしないで，面白いと思うトピックからできるだけ話を進めていく．そして最後に，もっと知りたい読者のために運動系の神経科学を概説する．

こうして成り行きで始めたカマキリの研究を，気づけばもう 20 年も続けている．若い頃には気づきにくいが，ほんの些細な出来事が人生を決定づけるというのは本当のことだ．その間に，さまざまな人との出会いがあり，カマキリの魅力は視覚だけでなくその行動にあるとの思いが強くなってきた．昆虫は単純な型にはまった行動しかしないといわれがちだが，実際にはそうではない．たとえば，アブの雄は空中で雌を追いかけて飛ぶ際に，回転や側方への移動などのいろいろな運動の中から，状況に応じて適切なものを選ぶ．また，カマキリは餌の位置に応じて鎌である前肢の動きを調整することで餌をつかむ．つまり，我々が手を伸ばして物をつかむ時と同様に，感覚情報に基づいて運動を調整する．次からの章では，追いかける行動などの一見単純そうなものから，捕獲行動などの複雑そうなものまで，さまざまな運動における制御のアルゴリズムを紹介する．そして最後の章では，昆虫の行動の仕組みをロボットに応用した例を見ながら，昆虫を研究する意義について説明する．

引用文献

1）水波 誠 (2006)『昆虫—驚異の微小脳』中央公論新社

2）本川達雄 (1992)『ゾウの時間ネズミの時間』中央公論新社

3）デビッド・マー 著，乾 敏朗・安藤広志 訳 (1987)『ビジョン—視覚の計算理論と脳内表現』産業図書

姿勢を保つ
～補償運動～

2.1 運動の種類～維持するか変化させるか～

この章では，補償運動とそれにかかわる昆虫の感覚系の仕組みを概説する．運動の話を始める前に，少しだけ運動を分類しておこう．運動の目的として状態を維持するか変化させるかに着目すると，運動は補償運動と目標指向型運動に分けることができる．補償運動とは，現在の状態を保つために行われる運動である．たとえば，我々が二本足という不安定な状態で立っていられるのは，体の傾きに対応して，倒れないように姿勢を微妙に変化させる仕組みが働いているからだ．一方，目標指向型運動は，現在の状態を目標の状態へと変化させるのが目的である．多くの場合，目標は感覚情報をもとに決定されるが，過去の記憶に基づいて設定される場合もある．

補償運動として興味深い仕組みがわかっているのは，ハエやミツバチにおける飛翔の制御である．ラジコンのヘリコプターを操作してみればわかるが，空中に浮いている状態は地上で立っているよりもずっと不安定である．さらに昆虫は体が軽いため，鳥や飛行機よりも風の影響を受けやすい．昆虫は，どのような仕組みで飛翔方向を一定に保っているのだろうか．

思いつきでカマキリの視覚の研究を始めた私が，昆虫の視覚について調べていくうちにまず辿りついたのが，ハエの飛翔制御にかかわる一連の研究であった．ドイツのエゲルハッフとボーストの研究グループは，優れた実験と理論的解析の両方によって，ハエが視覚によって飛翔を制御する仕組みを明らかにしている．彼らの研究は，そもそもどうやって動物は視覚的に動きを検出するのか，という問題にまで至っており，当時大学院生だった私は感嘆しながら難解な論文を必死に読んだのを覚えている．その内容を研究室の他のメンバーに説明したところ，さっぱり理解してもらえなかったことも覚えている．当時よりは私の説明能力が上がっていることに期待しながら，彼らの研究を紹介しようと思う．しかしその前に，運動と視覚の関係について考える必要がある．

2.2 自分の動きを知る手がかりになるオプティックフロー

自動車や電車で風景を眺めていると，移動中には自分の運動方向に応じた光刺激を眼で受けとることがわかる．たとえば自動車で道路をまっすぐ進むと，右の街路樹は右へ，左の街路樹は左に動いていく．つまり，進行方向を中心に，すべてのものは中心から周辺へと流れていくように見える（図 2.1a）．一方，交差点を右に曲がる時は，すべての物は左に流れて見える．このような移動中に受けとる視覚刺激は，オプティックフローもしくはオプティカルフローと呼ばれる．自動車では左右横方向に曲がる回転しか行われないが，縦方向の回転や左右に傾く回転も，それぞれ独特のオプティックフ

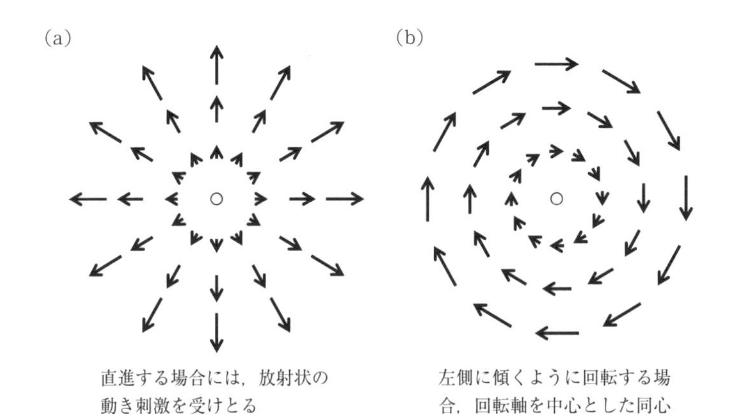

図 2.1　オプティックフローの模式図
矢印は受けとる動き刺激の方向と強さを表す.

ローを生み出す．たとえば，左に傾くように回転すると，正面を中心に視野全体が同心円状に回転して見える（図 2.1b).

オプティックフローの重要性を最初に指摘したのは，ギブソンというアメリカの研究者であった．彼は，飛行機のパイロットの訓練にたずさわる中で，オプティックフローが自身の運動状態を知る手がかりとして利用できることに気づいた[1)]．たとえば，視野の中で動きがほとんどない部分があり，その点から広がるような動きが見えれば（図 2.1a)，その点に向かって自分が移動していることがわかる．また，視野の中で動きがほとんどない部分を中心に回るような動きが見えれば，その点を軸に自分が回転をしていることがわかる（図 2.1b)．実際の移動では直進と回転が混ざることがあるので，話はそれほど単純ではないが，オプティックフローが自分の移動方向を知るのに役立つ原理はわかってもらえたと思う．

以上の話では，周囲の物体までの距離を考慮に入れていなかったが，オプティックフローのパターンは距離にも影響される．なので，オプティックフローの速さは，周囲の物体への距離を教えてくれる．電車から外の風景を眺めている時，近くの電信柱や民家はすごい速さで動いて通りすぎていくのに対し，遠くの山はゆっくりとしか動いて見えない．この距離に依存した動きの差は運動視差と呼ばれ，たとえばバッタやカマキリが距離を測る際に利用していることが明らかになっている[2)]．

ちなみに，ここで紹介した話はギブソンの初期の理論であり，彼自身は理論をさらに発展させてアフォーダンスという概念の提唱に至っている．その説明は私の手に余るので，ここでは触れない．私なりの解釈でいえるのは，感覚とは単に情報を受けとる仕組みではなく，自らが動いて積極的に情報を取り入れる行為であるということだ．オプティックフローの説明のためにギブソンの著作を引用した文献は多数見かけるが，それらのほとんどはアフォーダンスの概念には触れていない．真に革新的な概念は，かえって世の中に広まりにくいのかもしれない．

2.3 視線を一定に保つ視運動反応

電車の中で目を閉じていても駅に止まったことや出発したことがわかるように，視覚がなくても体の動きを感じることができる．しかし，ヒトの体は，物理的な動きの感覚よりもオプティックフローが伝える動きの感覚に優先して反応してしまうようだ[3)]．それを示すために，特別な部屋を使った実験が報告されている．その部屋では，天井と壁全体が床から浮いており，自由に動かせる．たとえば，中にいる人に気づかれないように，壁をその人に向かって動かすと，その人はよろけて後ろに倒れそうになる．通常，壁が近づいてくるように見える状況は，（壁ではなく）自分が前に移動する時に起きる．そのため，自分が前に傾いたと勘違いした結果，後ろに戻ろうとしてよろけてしまう．

このように，実際には動いていないにもかかわらず，視覚刺激によって引き起こされる身体の動きの感覚をベクション（vection）と呼ぶ[4]．九州大学の妹尾武治氏はベクションの研究を行っており，ベクションの強さは刺激の物理的な性質だけでなく，刺激が何を意味するかによって変わることを発見している．たとえば，多数の図形を下方向に移動させて見せると，物体が落下しているという解釈と自分が上に移動しているという解釈の両方が成り立つ．この時，刺激として四角形を下に移動させて見せた場合には，自分が上に移動している感覚（ベクション）が生じやすいが（図 2.2a），刺激として葉っぱや花びらなどを用いるとその感覚は弱くなる（図 2.2b）．葉っぱや花びらの動きは落下と解釈されるため，自分が動いているとは感じにくくなるようだ．ベクションを体験できる装置は遊園地や科学館などにあるので，これらの知識を念頭にぜひ試してほしい．知識は感覚に無力であることを思い知らされるだろう．

ベクションでは自分の体の動きを意識的に感じているが，我々は意識していなくても，オプティックフローに応答して眼球や頭部を動かすことがある．特に，視覚情報をもとに眼球や頭部の向きを一定に保とうとする運動を，視運動反応と呼ぶ．その目的は周囲に対して視線を一定に保つことにあり，その利点は少なくとも 3 つ考えられる[5]．1 つ目は，視界がぶれるのを防ぐ点にある．最近のビデオカメラは手ぶれ補正機能がついているが，それでもカメラの向きを頻繁に変えて撮影した映像はとても見にくくて，下手をすると気分が悪くなる．そして，カメラの移動中に撮影された映像は，ぼやけていて物体の識別が難しいはずだ．鮮明な像を得るには，視線を一定に保つことが重要になる．2 つ目に，動くものの検出が容易になることが挙げられる．動物にとって，餌や捕食者の認識は生きて

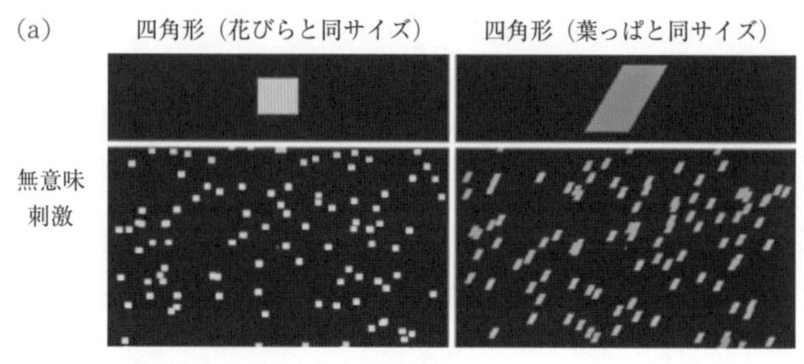

多数の四角形を下方向へ動かして見せると自分が上に移動する感覚（ベクション）が生じる

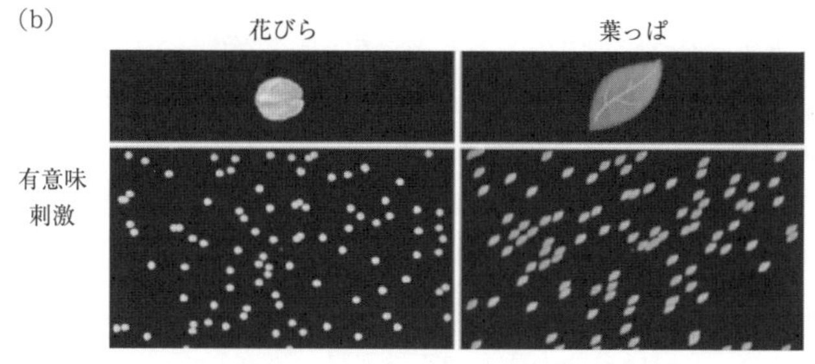

四角形ではなく花びらや葉っぱの場合，自分が上に移動する感覚（ベクション）が弱くなる

図 2.2　自己移動の感覚（ベクション）を引き起こす視覚刺激の例

それぞれの図では，上に刺激の拡大像，下に刺激の全体像を示している．図は妹尾武治氏のご厚意による．文献 4 を改変引用．

いく上で重要であり，その検出に役立つのが動き刺激の手がかりである．動物は，風で揺れる草や枝などの植物とは異なる独特の動きをするので，その動きのパターンから判別できる．ヒトの頭や手足などに光るマーカーをつけて暗闇の中で観察すると，静止している時にはそれがヒトであるかどうかわかりにくいが，歩き出した途端にヒトとわかる[6]．カマキリも餌となる昆虫がジタバタと暴れるとすぐに気づくので，何かしら動物特有な動きに応答するようだ．このように重要な動き刺激の手がかりを得るには，その他の背景部分の動きがないほうがよい．3つ目の利点は，回転の影響を取り除いたオプティックフローが得られることである．すでに述べたように，直進している時に受けとるオプティックフローは，自分の運動方向や周囲の物体への距離などの重要な情報を与えてくれる．しかし，体（視線）が回転するとそのパターンは途端に複雑になってしまい，情報を得るのが難しくなる．そこで，動物はできるだけ視線の向きを一定にすることで回転を防ぐと考えられる．

2.4 視覚と機械感覚による飛翔の制御～ハエの場合～

ハエの脳には，オプティックフローを検出して視運動反応に関与すると考えられているニューロンが見つかっており，それらはLPTC（lobula plate tangential cell：視小葉正接細胞）と呼ばれる[7]．ニューロンとは神経系の働きを担う細胞のことで，もっぱら視覚情報の処理にかかわるものは視覚ニューロンと呼ばれ，その中でも動き刺激に反応するものは運動検出ニューロンと呼ばれる．LPTCは運動検出ニューロンの一種であり，ハエの脳の左右それぞれに約60種類が存在する．それらは当初，特定方向の動き刺激に応答するニューロンとして発見された[8]．たとえば，LPTCの中のVS（vertical system）細胞と呼ばれるニューロンのグループの場合，ハエの視野を占めるような大きな縞模様が下方向に動くと興奮性の応答を示し，その反対方向（上方向）の動きには応答が抑制される[9]．このような性質を方向選択性と呼ぶ．しかし，クラップの研究グループが視野の小さな領域ごとに方向選択性を調べたところ，方向選択性の分布パターンはオプティックフローで生じる動き刺激の分布パターンとぴったり一致することがわかった（図2.3）[10]．

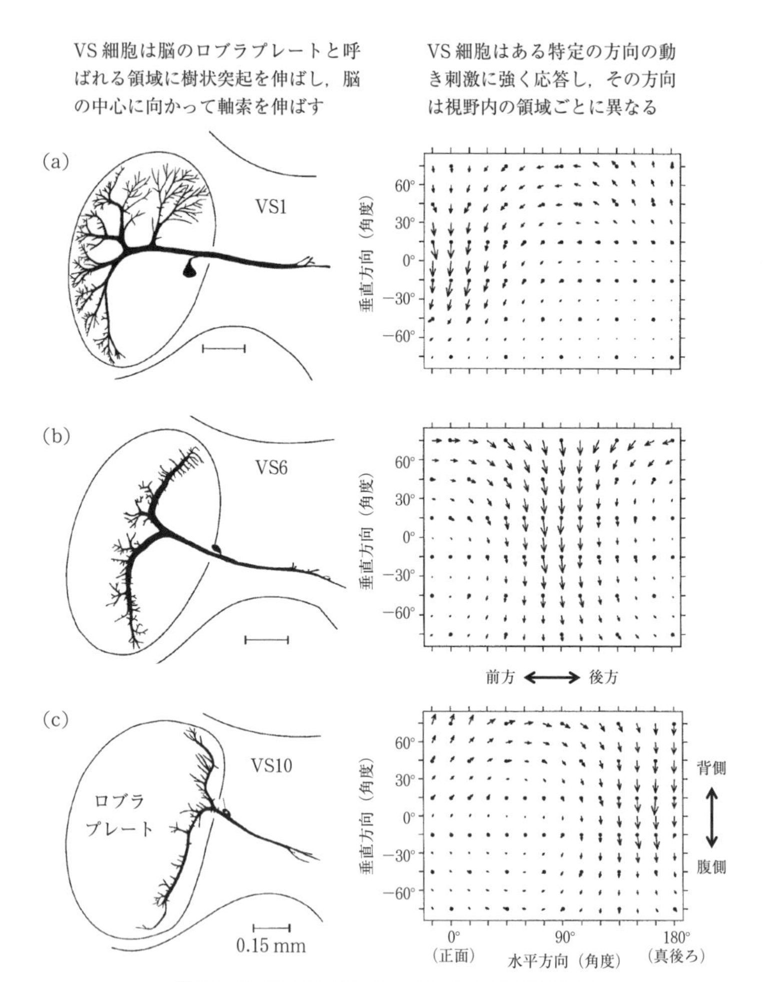

図 2.3　VS (Vertical System) 細胞の形態と応答特性

右図の矢印の方向はVS細胞が最も強く応答する方向を示し，矢印の大きさは，その応答の強さを示す．図2.1bのような同心円状のパターンが見られることに注目してほしい．文献10を改変引用．

VS細胞にはVS1～10の10種類があり，たとえば左の脳にあるVS6の方向選択性のパターンは，右に頭を傾けた時に生じるオプティックフローのパターンに一致する（図2.3b）．そして，上に顔を上げるように回転した時にはVS1が一致し（図2.3a），下に向かって回転した時はVS10が一致する（図2.3c）．このように，それぞれのVS細胞はさまざまな縦回転によって生じるオプティックフローに対応しているようだ．よって，垂直方向の回転に関しては，VS1～10の応答を比較すれば回転の方向がわかることになる．一方，水平方向への回転にはHS（horizontal system）細胞と呼ばれるニューロンが対応している[7]．HS細胞にはHSN, HSE, HSSなどが発見されており，これらは横を向くように回転した時や横方向に体が流される時に生じるオプティックフローに応答すると考えられている．これらの視覚ニューロンで得られた自己運動の情報をもとに，ハエは姿勢や飛翔を調整して空中での複眼の向きを一定に保とうとするようだ．

以上の結果だけを聞くとその背後にある努力には気づきにくいが，これらの研究成果はエゲルハッフとボーストを含む多数の研究者が膨大な労力と時間をかけて得たものである．彼らは，ニューロンがどんな刺激に応答するかを記録し，その形態を観察するために，主に細胞内記録法という手法を用いた．この方法では，ガラス管の先端を針のように非常に細くしたものを使う．ガラスは電気を通さないが，ガラス管の中に電気をよく通す塩溶液を入れることで，電極として用いることができる．これをガラス微小電極と呼ぶ（ちなみに，ガラス微小電極を用いた細胞内記録法は，日本人である鎌田武雄が初めて行った[11]）．この電極をニューロンの内部に差し込むと，ガラス管の先端には穴が空いているため，ガラス管の内部とニューロンの中がつながる．これによって，ニューロンの応答を測ることができるだけでなく，ガラス管を通じてニューロン内部に色素を流し込むことで，その形態を観察することが可能になる．しかし，ニューロンはとても小さいので，電極を刺したままの状態を維持するのは簡単ではない．脳や電極が少しでも動いたら，即座に抜けてしまう．細胞内記録法で1つのニューロンから記録をとるだけでも簡単ではないのに，エゲルハッフとボーストのグループは，2つの異なるニューロンから同時に記録をとることさえ行っている．このような研究は労力や時間がかかるわりに実りが少ないためか，最近は見かけることが少なくなった．

ハエの飛翔制御に話を戻そう．自己運動の情報は視覚以外の感覚からも得られ，ハエは平均棍と呼ばれる感覚器を使って体の回転運動を検出する（図2.4）．トンボ，チョウ，カブトムシなどが4枚の翅をもつのに対し，ハエは2枚しか翅をもたない．残りの2枚が棍棒状に変化したのが平均棍だ．飛行中に平均棍は振動し，ジャイロセンサーとして機能すると考えられている[12]．ジャイロとは，回転や振動している物体がその動きを一定に保とうとする性質を利用し

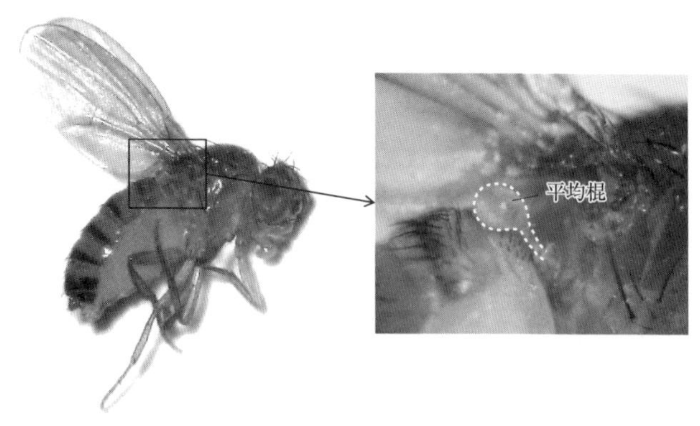

図2.4　ショウジョウハエの平均棍
ショウジョウバエは谷村禎一先生の研究室より提供．

て傾きの変化を検出する装置であり，飛行機やカメラなどに搭載されている．飛行機が向きを変えても，ジャイロ内で振動（回転）している部分は向きを変えないことから，向きの変化や角速度が検出できる．同様に，ハエの胴体が向きを変えても，平均棍はその振動運動の方向を保とうとする．そのため，平均棍を曲げるような力が加わり（コリオリの力と呼ばれる），付け根の表皮が歪む．その歪みの情報が中枢神経系に伝えられて，姿勢の制御に利用される．

この歪みのような物理的な力を検出する感覚を，機械感覚と呼ぶ．昆虫の場合，その外骨格に感覚子と呼ばれる感覚器官が備わっており，その一部が機械感覚に応答する．たとえば，鐘状感覚子は，昆虫の体に物理的な力が加わることで生じた外骨格の歪みを検出する．鐘状感覚子は外骨格の内部に埋め込まれており，内部の感覚ニューロンから伸びた突起もその中に埋め込まれた形で存在する．外骨格が歪むとニューロンの突起にも圧力がかかり，それがニューロンを興奮させる仕組みになっている．

ハエが飛翔中の姿勢の制御に利用するのは，複眼と平均棍だけではない．その詳細には触れないが，単眼による光受容，翅にかかる荷重，頭部の向きから得られる情報なども利用する．情報は多ければ多いほどよいわけでもなく，それらをまとめ上げる必要が出てくる．ハエは多様な感覚情報をどうやって利用しているのだろうか？実のところ，ただ単純に足し合わせることで，それぞれの感覚情報の短所を互いに補っているようだ．一般的に，機械刺激による平衡感覚は反応が速いが不正確であり，視覚は正確だが反応が遅くなる傾向がある．体が横に傾いた時のハエの応答を調べた研究では，平均棍が刺激を受けてから反応するまでの時間は約 10 ミリ秒（ミリは千分の一を示す）と短いが，ある程度大きな変化（強い刺激）でなければ応答しない．一方，複眼による視覚情報の処理には多数のニューロンがかかわるため時間がかかり，反応時間は約30ミリ秒と遅くなる．しかし，比較的小さな視覚刺激の変化にも応答する．そのため，視覚と機械感覚による応答を足し合わせることで，速くて正確な制御が可能になると考えられる．これが，ハエの自由自在な飛行の秘密のようだ．

このような補償の仕組みが強く働いていると，飛翔方向を変えたい時に逆に困ることにならないのだろうか？　一時的に補償の仕組みを働かなくさせるのも1つの手だが，その間に姿勢が不安定になるのも困る．そこで，ハエが飛翔方向を変える際には，平均棍の動きを操作することで，この補正反応を利用して方向を変えるという仮説が提唱されている[13)]．

2.5 視覚による飛翔の制御〜ミツバチの場合〜

オーストラリアのスリニバサンのグループは，ミツバチを使った独創的な行動実験によりさまざまな面白い研究を発表している[14)]．その中に，オプティックフローを利用した飛翔経路の調整がある．ミツバチが狭いトンネルを通る時は，左右の壁にぶつからないようにうまくトンネルの中心を通る．この時ミツバチは，左右の眼で受けとる動き刺激の量が同じになるように，飛ぶ位置を調整していることがわかっている[15)]．たとえば，飛んでいる最中に左に逸れてしまった場合を考えてみよう．左の壁に接近してしまったことで，左の壁は右よりも速く動いて見える．そのため，ミツバチは速い動き刺激を受けとる側から遠ざかるように右に飛翔経路を変える．もし右に行きすぎると今度は右の壁の動きが速くなるので，やはり左へ戻る（図2.5a）．こうしてちょうど中心で釣り合いがとれることになる．

ミツバチがこのアルゴリズムを採用している証拠は，簡単な実験

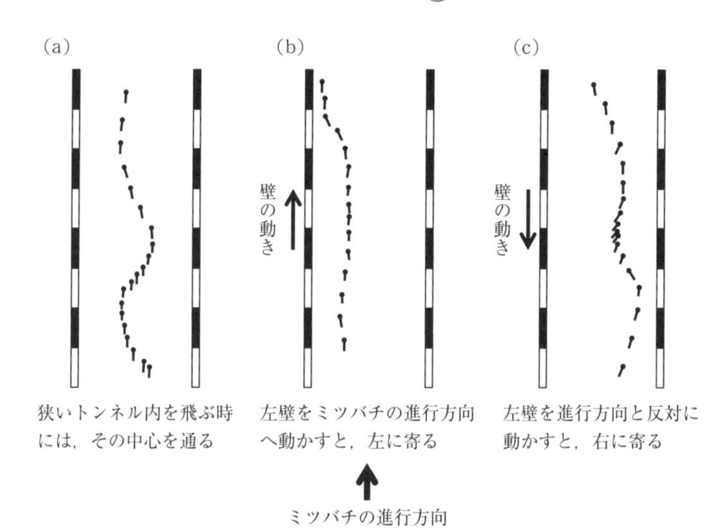

図 2.5　ミツバチの飛ぶ経路にオプティックフローが与える影響
これらの観察結果から，ミツバチは受けとる動き刺激の量が左右で均等になるように，経路を調整していることがわかる．文献 15 を改変引用．

で得られる．たとえば，人工的に左側の壁をミツバチの飛翔と同じ方向へ動かしてやると，ミツバチから見た左壁の動きは遅く見えるようになる．そこでミツバチは左右の壁の動きの速さを同程度にしようと試み，その結果として飛翔経路は左寄りになる（図 2.5b）．一方，左の壁を飛翔と反対方向へ動かしてやると，ミツバチから見た左壁の動きが速くなるので，これから遠ざかろうとして飛翔経路が右寄りになる（図 2.5c）．同様に，飛翔の高度は，地面の動きの速さを利用して調整されている．たとえば，風によって飛翔中のミツバチが地面近くに押しやられると，地面がより速く動いて見えることになる．そのため，受けとる動き刺激が遅くなるように，ミツバチは上昇することで高度を一定に保つ．物体や地面までの距離を知るのに，ミツバチは動き刺激を利用しているようだ．

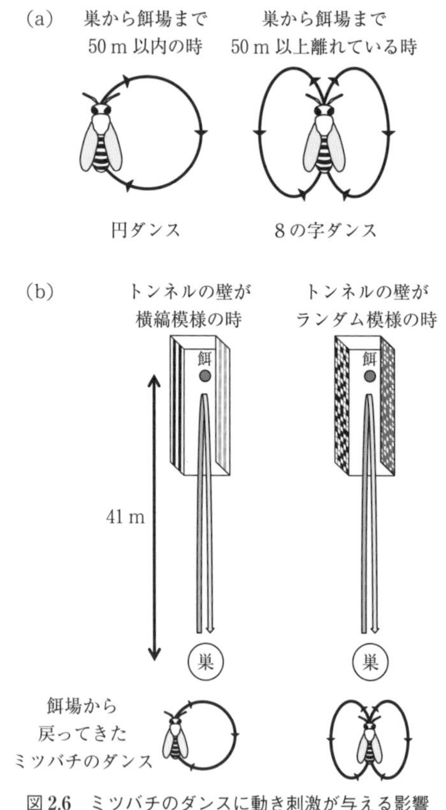

図 2.6　ミツバチのダンスに動き刺激が与える影響
a は参考文献 2 を，b は文献 16 をもとに作成.

ミツバチは，自分の移動した距離も動き刺激によって計測していると考えられている[16)]．ミツバチが尻振りダンスで餌場の位置を仲間に伝えることを，聞いたことのある方は多いだろう．しかし，2 種類のダンスを使い分けることは，あまり知られていないかもしれない．餌場までの距離が 50 m より遠い場合，ミツバチはよく知られた 8 の字ダンスを行う（図 2.6a）．一方，餌場がそれより近い場合，グルグル回るだけの円ダンスを行う．つまり，ダンスの観察により，ミツバチが感じた距離が 50 m よりも遠いか近いかを知ることができる．そこで，ミツバチに狭いトンネルを通らせることで，ミツバチが感じる距離に視覚刺激が与える影響を調べた実験がある（図 2.6b）．たとえば，トンネルを巣から 35 m の位置に置き，その 6 m 奥に餌を置く．そこに偶然訪れたミツバチが巣に戻ると，ダンスによって餌場の位置を仲間に伝える．この時，トンネルの壁の模様が横縞の場合は，巣に戻ったミツバチは円ダンスを行う．この場合の餌場までの距離は 41 m なので（50 m 以内なので），予想通りの結果である．しかし，トンネルの壁をランダムな模様にすると，ミツバチは距離を過大に見積もり，8 の字ダンスを行う．周りがランダムな模様の場合，飛行中にどんどん模様を横切ることになるので，たくさんの動き刺激を受けとる．一方，周囲が横縞の場合，縞の向きと平行に進むのでほとんど動き刺激を受けとることはない．この結果は，ミツバチは実際に飛んだ距離ではなく，飛行中に受けとった動き刺激の量によって距離を測っていることを示唆している．従来，ミツバチが飛んだ距離を知る手がかりとしてエネルギー消費や時間が候補に上がっていたが，これらの簡単な実験から，視覚刺激が重要なことが見事に示された．

しかしこの例が示すように，受けとる動き刺激は，周囲に模様があるかないかで変わる．また動き刺激は，周囲の物体までの距離によっても変わってしまう．そんな不正確な計測で問題ないのだろうか，と疑問に思うかもしれない．実のところ，ミツバチの飛行ルートは個体の間でそれほど変わらないので，問題ないようだ．餌場を発見して戻ってきた個体と，その情報を得て餌場に向かう個体が同じような経路を辿るなら，同じような動き刺激を受けとるので距離はほぼ正確に伝わる．距離の単位としてメートルを使おうがインチを使おうが，仲間内で同じ単位を利用すれば混乱は起きない．同様に，距離を測る方法自体よりも，同じ方法を共通して利用するのが大事なのだ（言語やマナーについても同様のことがいえる．礼儀正しい行為の定義に合理性がないような場合でも，共通ルールに従う姿勢が大事なのだ）．

2.6 動きの検出

最後に，そもそも動物がどうやって動きを感じるのか，できるだけ簡単な説明を試みようと思う．昆虫の複眼が動きを検出する仕組みに関しては，理論的なモデルが提唱されている[17]．昆虫の複眼は数千～数万の個眼が集まって構成されており，ひとつひとつの個眼は基本的に解像力をもたない．個眼の数は，デジタルカメラの画素数に相当すると考えてもらうとわかりやすいだろう．画素数が多いとそれだけ細かい画像が得られるように，個眼の数が多いほど複眼全体の解像度は高くなる．

原理的には個眼が2つあれば動きを感じることができる．たとえば，個眼が左右に2つ並んでいる前を，黒い物体が左から右へ動く場合を考えてみよう（図2.7a）．この場合，まず左の個眼が物体による明るさの減少を検出し，ちょっと遅れて右の個眼も暗くなる刺激を受けとる．つまり，左右の個眼で刺激を受けとるタイミングに差がある場合，それは動き刺激と見なせる．そこで，左の個眼からの信号を少し遅らせて右の個眼の信号と合流させ，掛け算する仕組みがあれば，動きを検出できる．なぜ，足し算ではなく掛け算かというと，両方の信号が同時に大きくなる時のみを検出したいからだ（極端な場合，一方が0ならもう一方がいくら大きい値をとっても掛け算では0になる）．この仕組みでは，物体が右へ動くと左右の信号のタイミングがうまく合って最大の出力が得られる．逆に物体

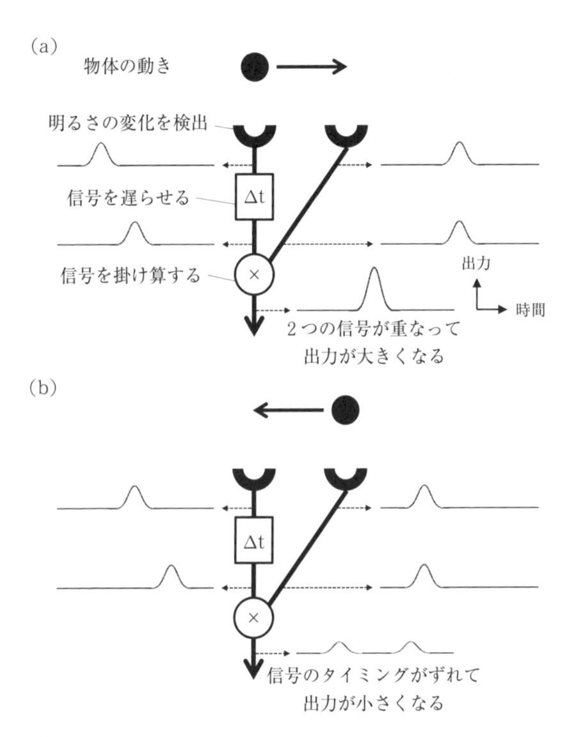

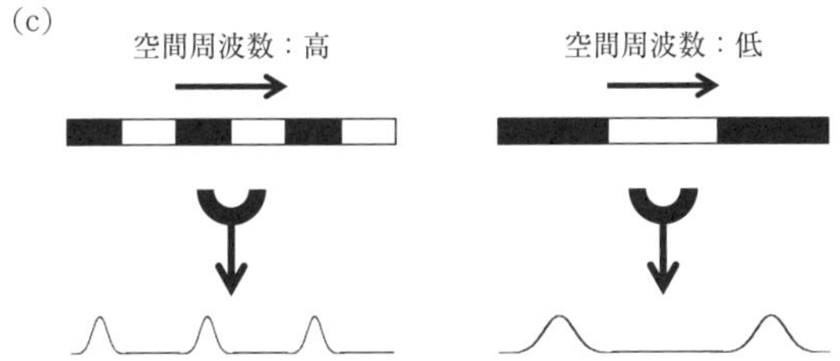

図 2.7　昆虫で想定されている相関型運動検出器の仕組み

この図のモデルでは，物体が右方向へ動くと，2つのセンサーからの信号がタイミングよく重なって大きな出力を生み出す（a)．逆に，左へ物体が動く時には，信号のタイミングがずれて出力が弱くなる（b)．光センサーの反応は，動き刺激のパターン（空間周波数）に応じて変わり（c)，モデルの出力もその影響を受ける．文献 17 を改変引用．

が左へ動く場合や（図 2.7b）動き刺激ではなく全体が暗くなるような刺激の場合，信号が合流するタイミングがずれるので，出力は弱くなる．このタイプの仕組みは相関型運動検出器と呼ばれ，昆虫の複眼はこの仕組みで動きを検出しているらしい．

しかし，相関型運動検出器には欠点がある．それは，見ている背景や物体の模様によって応答が変わってしまう点である．わかりやすくするために，白黒の縞模様の動きを検出する場合を考えてみよう．個眼の前に縞模様の黒が到達すれば暗刺激を受けとり，白が到達すれば明刺激を受けとる．よって，1 つの個眼が明暗刺激を受けとる頻度は，縞の白と黒が入れ替わる頻度によって決まる．ということは，同じ速さで動いていても縞模様の間隔が広い時には明滅の頻度は低くなり，縞模様の間隔が狭い時は明滅頻度が高くなる（図 2.7c）．これは 2 つの並んだ個眼においても同様に成り立つ．相関型運動検出器は個眼が受けとる明滅のタイミングの差を利用して動きを検出するので，検出器の出力は縞模様の間隔に左右されることになる．

少し専門的な言い方をすると，相関型運動検出器の出力は動きの速さではなく時間周波数に依存する．縞模様の間隔，つまり空間を通して白と黒が繰り返される頻度は，空間周波数と呼ばれる．一方，縞模様が動いている時に，ある一点で白と黒が繰り返される頻度は，時間周波数と呼ばれる．この時間周波数は縞模様が速く動くほど高くなる．また同じ速さであっても，縞模様の空間周波数が高くなると時間周波数は高くなる．この時，時間周波数 = 速さ × 空間周波数，という式が成り立つ．実際に，昆虫の脳において動き刺激の検出にかかわるニューロンの多くは，動き刺激の時間周波数によって応答が決まることが報告されている（しかし，上述のミツバチの行動は動き刺激の実際の速さによって決められているらしく，速さを測る仕組みの詳細は未だわかっていない).

昆虫の複眼による動き検出の仕組みにはこのような欠点があるが,優れた点もある.それは,脊椎動物の眼よりも速い動きの検出に優れているところだ.光が明るくなったり暗くなったりする頻度があまりに高いと,視細胞(光を受けとる細胞)はその明るさの変化を検出できなくなる.たとえば,蛍光灯は1秒間に50〜60回ほど明滅しているが,私たちはその変化に気づかない.しかし,昆虫によっては,1秒間に100回ほど明滅してもその明るさの変化を検出する.このおかげで,昆虫の複眼は速い動きを知覚できる.たとえば,テレビの画面は1秒間に30回ほど書き換わっているので,映し出される人や物は本来不連続に動いている.我々はそれに気づかず滑らかな動きとして知覚するが,多くの昆虫はその不連続な動きを知覚できるようだ.この優れた動きの検出能力が,ハエを叩いたりトンボを捕まえたりするのを難しくしているのだろう.

2.7 補償運動の重要性

この章では,姿勢や移動の経路を一定に保つ仕組みを説明した.逆説的に聞こえるかもしれないが,状態を変化させるためにも,状態を一定に保つことが重要になる.車で移動する場合を例にとると,目的地の情報が必要なのはいうまでもないが,そもそも現在地がわからないとどうしようもない(そのような状態を迷子という).手を伸ばして物をつかむ場合でも,手の初期位置が定まっていて初めて,目標位置までにどんな腕の運動が必要なのかがわかる.姿勢を一定に保つ仕組みがあることで,正確な運動制御が可能になるのである.

引用文献

1) J. J. ギブソン 著, 古崎 敬・古崎愛子・辻敬一郎・村瀬 旻 共訳 (1985)『ギブソン生態学的視覚論—ヒトの知覚世界を探る』サイエンス社
2) Kral, K., Poteser, M. (1997) Motion parallax as a source of distance information in locusts and mantids. *J. Insect Behav.*, **10**: 145–163
3) Lee, D. N. (1980) The optic flow field: the foundation of vision. *Phil. Trans. R. Soc. Lond. B*, **290**: 169–179
4) 妹尾武治 (2014) ベクションとその周辺の近年の動向. *Cognitive Studies*, **21**: 523–530
5) Land, M. F. (1999) Motion and vision: why animals move their eyes. *J. Comp. Physiol. A*, **185**: 341–352
6) Johansson, G. (1973) Visual perception of biological motion and a model for its analysis. *Percept. Psychophys.*, **14**: 201–211
7) Borst, A., Haag, J. (2007) Optic flow processing in the cockpit of the fly. In: North, G., Greenspan, R. J.(eds), *Invertebrate Neurobiology*. 101–122, Cold Spring Harbor Laboratory Press
8) Dvorak, D. R., Bishop, L. G., Eckert, H. E. (1975) On the identification of movement detectors in the fly optic lobe. *J. Comp. Physiol.*, **100**: 5–23
9) Eckert, H., Bishop L. G. (1978) Anatomical and physiological properties of the vertical cells in the third optic ganglion of *Phaenicia sericata* (Diptera, Calliphoridae). *J. Comp. Physiol.*, **126**: 57–86
10) Krapp, H. G, Hengstenberg, B., Hengstenberg, R. (1998) Dendritic structure and receptive-field organization of optic flow processing interneurons in the fly. *J. Neurophysiol.*, **79**: 1902–1917
11) Kamada, T. (1934) Some observations on potential difference across the ectoplasm membrane of Paramecisum. *J. Exp. Biol.*, **11**: 94–102
12) Hengstenberg, R. (1993) Multisensory control in insect oculomotor

systems. In: Miles, F. A., Wallman, J.(eds), *Visual motion and its role in the stabilization of gaze.* 285-298, Elsevier Science Publishers

13) Chan, W. P., Prete, F., Dickinson, M. H. (1998) Visual input to the efferent control system of a fly's gyroscope. *Science*, **280:** 289-292

14) Srinivasan, M. V. (2011) Visual control of navigation in insects and its relevance for robotics. *Curr. Opin. Neurobiol.*, **21:** 535-543

15) Kirchner, W. H., Srinivasan, M. V. (1989) Freely flying honey-bees use image motion to estimate object distance. *Naturwissenschaften*, **76:** 281-282

16) Srinivasan, M. V., Zhang, S., Altwein, M., Tautz, J. (2000) Honey-bee navigation: nature and calibration of the "odometer". *Science*, **287:** 851-853

17) Borst, A., Egelhaaf, M. (1989) Principles of visual motion detection. *Trends Neurosci.*, **12:** 297-306

目標に合わせて動きを制御する
～視覚定位～

3.1 なぜ定位行動が必要なのか？

動物は，興味を惹かれた物体に対して眼や頭部，体を向けることがあり，これを定位行動と呼ぶ．この章では視覚による定位行動を紹介する．そもそも，なぜ定位行動が必要なのだろうか？　もし動物が視野の中に見えるすべての物を同じ解像度で見ることができるなら，定位行動は必要ない．実際の動物，たとえば多くの脊椎動物において，眼の解像度は視野の中の位置によって異なる[1]．外界の像は，眼のレンズの作用で眼球の内側にある網膜に映し出される(図 3.1a)．網膜にある視細胞が光を受けとる受容器として働き，視細胞の応答が他のニューロンへと伝えられ，最終的に脳に視覚情報が届く．この視細胞の密度が眼の解像力の限界を決め，多くの場合，網膜の中心で最も密度が高い．そのため，網膜の中心に他よりも解像度が高い領域がある．そして，興味をもった物体を高い解像度の領域で見て調べるために眼を動かすのが，定位行動の目的である．

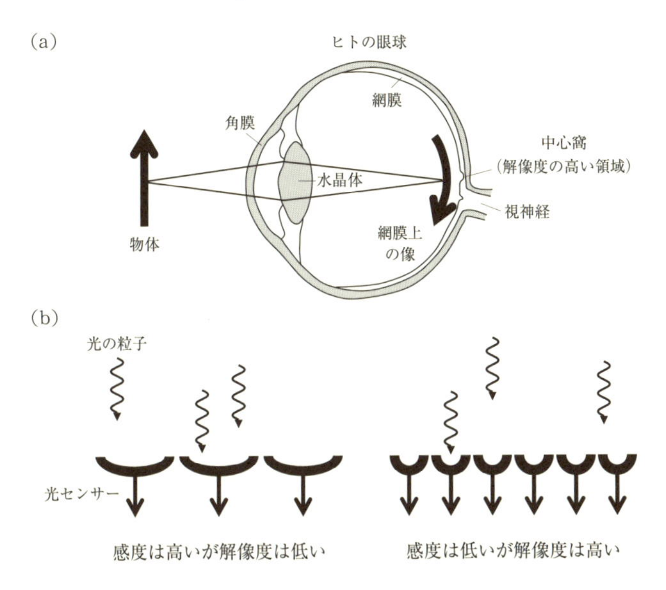

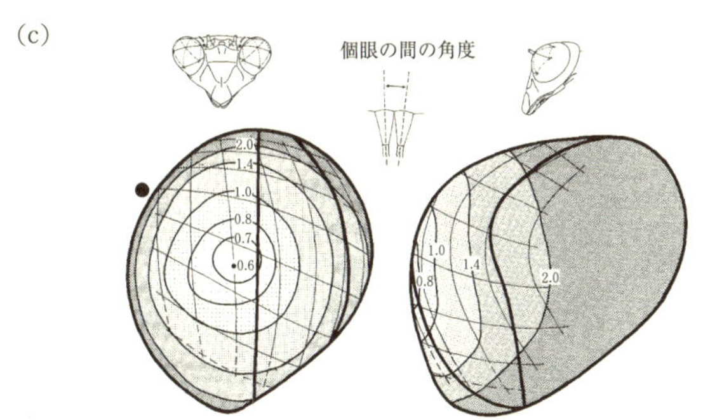

カマキリの複眼の中心にも，解像度の高い
（個眼の間の角度が小さい）領域がある

図 3.1　眼の感度と解像度

a：ヒトの眼球の構造．網膜の中心の窪んだ部分は中心窩と呼ばれ，視細胞が他の領域よりも高い密度で存在する．参考文献 3 をもとに作成．b：感度と解像度の関係．c：カマキリの複眼の解像度．個眼の間の角度が小さいほど解像度が高くなる．文献 4 を改変引用．

ヒトも網膜の中心に，中心窩と呼ばれる最も解像度の高い領域がある．通常の生活では視野内での解像度の違いに気づかないが，視線が動かないように気をつけながら視野の周辺に注意を向けると，ぼんやりしていて詳細な構造がほとんどわからないことに気づく．我々は絶えず眼球を高速に動かしては止める運動を繰り返しており，その高速眼球運動をサッカードと呼ぶ．このサッカードにより，周囲をまんべんなく見て得た視覚情報を脳内で統合した結果，我々は1つにつながった世界を感じている．それは，周囲のいろいろな方向に対して写真を撮り，それを後でつなげて1枚のパノラマ写真にするようなものだ．この統合の仕組みは未だによくわかっていない．

そもそも，なぜ網膜の場所によって解像度が異なるのか，なぜ網膜のすべての部分の解像度を高くしないのか，と疑問に思った方もいるかもしれない．その理由の1つは，解像度と感度の間にトレードオフの関係があるからだ．トレードオフとは，一方を強くするともう一方が弱くなる関係である．実際の網膜の仕組みは複雑なので，仮想的な光センサーが並んでいる場合を考えてみよう（図3.1b）．感度は光を検出するのに必要な光の量で表すことができ，その光量が少なくてすむほど感度が高いことになる．感度を上げるには，1つの光センサーが光を拾うことができる面積を広げればよい．しかし，そうすると光センサーが大きくなるため密度が減り，解像度が下がってしまう．反対に，光センサーの密度を上げるために，ひとつひとつのサイズを小さくすると，光を受け止める領域も小さくなって感度が下がる．このように，感度と解像度を同時に上げることはできない．そこで，多くの動物では網膜の中で役割分担をさせていて，網膜中心では解像度が高い代わりに感度が低く，網膜周辺では解像度が低い代わりに感度が高くなっている．このほうが，全体が均一な網膜よりも，部分的にだが高い解像度と感度をもつことができる．その代償として，視覚定位行動が必要になるのである．

3.2 カマキリの視覚定位 ～滑らかに動かすか間欠的に動かすか～

視覚定位の意義がわかったところで，昆虫の例を見ていこう．まずカマキリによる視覚定位行動を紹介する．カマキリは，その動きから何となくヒトに似ている印象を受けることがある．それには頭部の動きが関係しているようだ．カマキリは昆虫の中でも特に頭部を自由に動かすことができ，体の動きを合わせればほとんど真後ろを振り返ることもできる．その動きの自由さは，餌の捕獲に役立つのだろう．カマキリは特定の餌を選んで食べるわけではなく，ハエ，ハチ，チョウ，バッタなどさまざまな昆虫を捕まえて食べる[2)]．日本には少なくとも8種のカマキリがいて，よく見かけるのはオオカマキリかチョウセンカマキリ，もしくはハラビロカマキリである．オオカマキリは山際や林縁の草地，チョウセンカマキリは開けた草原，というように種によって生息地が多少異なっている．カマキリといえば，交尾中に雄が雌に食べられてしまう話が有名だが，野生ではそのような共食いは滅多に起こらないと考えられている．人が狭い飼育ケースに閉じ込めてしまうと，雄がうまく雌から逃げることができなくて捕食されてしまうようだ．日本のカマキリは，春に卵から孵化し，夏を通して成長する．秋に成虫になると交尾，産卵して一生を終える．寒さが厳しく餌となる昆虫が少ない冬を，卵の状態でやり過ごすのである．オオカマキリの卵は球状で見つけやすく，室内で温めれば1ヶ月程度で孵化するため，私はもっぱらオオカマキリを使って研究を行っている．

ちなみに，カマキリがその年の積雪量を「予想」するという話があるが，それは間違いであることがわかっている[3]．大雪になると予想される年は，卵が雪に埋もれて死亡するのを避けるために木の高いところに産卵する，というのがその話の主旨である．しかし，実際にはオオカマキリの卵は優れた耐雪性をもち，雪の中に3ヶ月間埋もれていた後でも問題なく孵化する．むしろ，雪の中に埋もれていたほうが鳥などによる捕食を避けられるようだ．また，春の雪解け水で卵が水浸しになったとしても，2ヶ月間で2割の卵が死ぬだけなので，実際には大きな影響はないと考えられる．そもそも，カマキリは積雪量を予想する必要がないのだ．

視覚定位の話に戻ろう．カマキリの複眼には，その前方中心に解像度の高い領域がある（図3.1c)[4]．カマキリは餌を検出すると，複眼の高解像度領域で餌の像を捉えるために，頭部をその方向へ向ける．この時，頭部は最大で毎秒400〜500°という高速で回転し，約0.1秒という短時間で動作は終了する（図3.2a)[5),6]．ヒトにおける高速な眼球運動をサッカードと呼ぶことはすでに説明したが，カマキリの高速な頭部運動はサッカードに似た性質をもつため，同様に（頭部）サッカードと呼ぶことにする．餌が移動している場合，その動きに合わせて頭部を滑らかに動かして追従する場合と，サッカードを繰り返し行う場合がある．これには背景のパターンが関係し，白無地など背景が均一な時は滑らかに追従し，縞模様などパターンがある時はサッカードを行う（図3.2b)[6]．前者は空中を飛ぶ餌を定位する時に，後者は地上を歩く餌を定位する時に相当する．

背景によって定位運動が変わる理由には，第2章で紹介した視運動反応が関係していると考えられている．餌の動きに合わせて滑らかに頭部を動かすと，背景全体は餌とは反対方向に流れて見えるこ

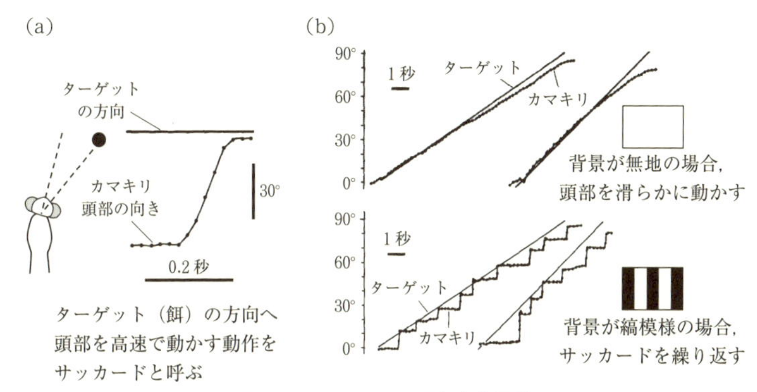

図 3.2　カマキリよる頭部定位運動

滑らかな追従運動とサッカードの両方を駆使して，ターゲットを眼の中心で捉えようとする．文献 6 を改変引用．

とになる．通常，そのような動き刺激は視運動反応を引き起こし，餌を追う動きとは反対方向への運動が引き起こされてしまう．空を見ている時など背景に物体がない場合は，視運動反応の働きも弱くそれほど問題ない．しかし，背景に草木などの物体がある場合は，視運動反応が定位運動の邪魔をするため深刻な問題になる．そこで，カマキリはサッカードを繰り返して定位することで，この問題を回避しているようだ．サッカードの高速運動中は，背景も高速で動いてぼやけて見えるために視運動反応があまり起こらないと考えられる．また，ヒトではサッカード中に視覚刺激（特に動き刺激）の知覚を抑える仕組みが働くので[7]，カマキリでもそれが起きている可能性がある．

3.3 カマキリの視覚定位はターゲットによって変わる

背景だけでなく，他の要因もカマキリの定位のしかた（滑らかな追従かサッカードか）の選択に影響することがわかっている．たと

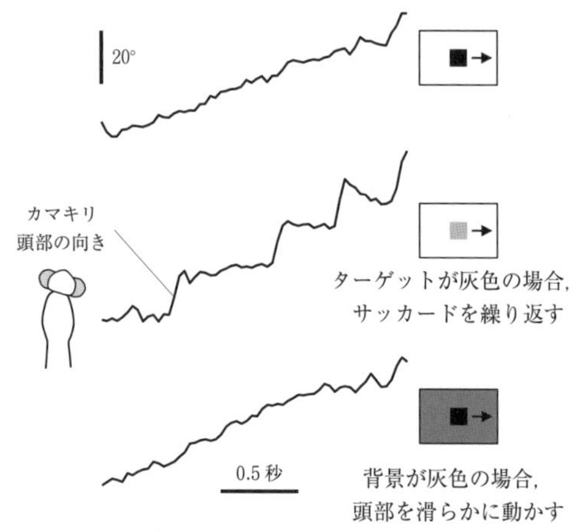

図 3.3　カマキリの頭部定位運動はターゲットの明るさによって変わる
文献 8 をもとに作成.

えば，白無地の背景で黒いターゲット（たとえば四角形）が動く場合は滑らかな追従運動を行うが，ターゲットが灰色の時はサッカードを繰り返して定位する（図 3.3）[8]．この現象は，カマキリに視覚刺激を提示する装置を準備している際に，偶然発見したものだ．当時，私はカマキリがどうやって餌を見つけるのかを調べるために，コンピュータのディスプレイに図形を描いてカマキリに見せ，捕獲反応が起きるかどうかを観察していた．図形の大きさや明るさが捕獲行動の起きる頻度に影響を与えることが先行研究によってわかっていたので，いろいろなパラメータを変えてその効果を確認していた．たとえば，白い背景に黒い四角形を動かして見せるとカマキリは盛んに捕獲行動を行うが，灰色の四角形ではその頻度が低くなる．しかし，灰色の四角形では捕獲が起きにくくなるだけでなく定位行動も変わり，サッカードが起きやすくなることに私は気づいた．

この時，定位行動が変化する要因は2つ考えられた．1つは，背景と図形の明るさの差が小さくなったことで，カマキリにとってターゲットが見えにくく（検出しにくく）なったために，滑らかな定位行動ができなくなったという可能性である．もう1つは，検出のしやすさは関係なく，何らかの理由でターゲット自体の明るさが影響を与えた可能性だ．この2つの可能性のうちのどちらが正しいかは，図形ではなく背景のほうの明るさを変えることで検証できる．例として，ターゲットは黒のままだが背景を白から灰色に変えることでも，ターゲットは検出しにくくなる．その結果，もしサッカードが起きれば1つ目の可能性を支持し，滑らかな頭部運動が見られれば2つ目の可能性が高いことになる．実験の結果は，後者を示していた（図3.3，最下図）．カマキリは，ターゲット自体の明るさに応じて定位行動を変えるようである．以上の結果から，私は餌の「魅力」が定位のしかたを決めるのではないかと推測している．つまり，是が非でも捕獲したい餌は滑らかな頭部運動で丁寧に定位行動を行い，そうでもない餌はサッカードで時折定位する，という仮説を考えている．

これらの研究成果は，決して世紀の大発見というわけではないが，1つの論文として出版され，私が博士の学位をとるのに役立った．また，サッカードという運動へ興味をもつきっかけとなり，その後の研究に大きな影響を与えた（その経緯は第7章で改めて紹介する）．

3.4 定位運動のアルゴリズム～サッカードの場合～

滑らかな追従運動とサッカードは，異なる仕組みで制御されていると考えられている．滑らかな追従運動は主にターゲット速度に合わせて制御され，サッカード運動は主にターゲット位置に合わせて

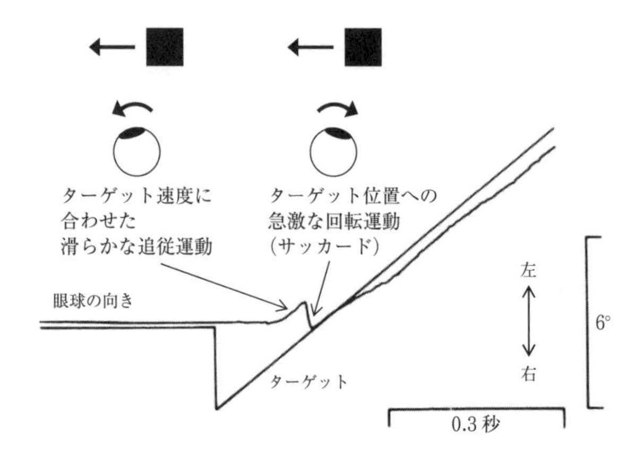

図 3.4　ヒトの眼球運動

滑らかな追従運動とサッカードは独立に起こる．文献 9 を改変引用．

制御されるらしい．これを示す巧妙な実験が，ヒトとカマキリで行われている[6),9)]．たとえば，ターゲットを視野の中心よりも少し右に出現させておいて，そこから左に動かすという刺激を見せる（図 3.4）．この場合，左方向への滑らかな追従運動か，右方向へのサッカードが観察される．つまり，滑らかな追従運動はターゲットの速度に応じて行われ，サッカードはターゲットの位置に基づいて行われる．ただし，これは利用する主要な情報が異なるということであって，他の情報を利用しないわけではない．たとえば，サッカードの制御にはターゲット速度も補助的に利用される．カマキリの場合，餌が正面から離れる方向に移動している時にサッカードが大きめになるようだ．つまり，餌の動きを予測して，サッカードの大きさを調整しているように見える．

一見すると，サッカードの仕組みは単純そうだ．視覚で得られたターゲットの位置情報に応じて，眼球（カマキリでは頭部）を動かす大きさを決めればよいように思える．しかし，サッカードの制御機構は今なお盛んに研究が行われている複雑なシステムであり，その詳細は第7章で説明する．ここでは，サッカードをどこに向けるべきかを調べた研究を紹介しよう．

見るべきターゲットが1つの場合は問題ないが，自然界において餌が常に1匹だけ現れるとは限らない．複数の餌が目の前にある場合，カマキリはどこを見るべきなのか？　定位行動の観察をしていた時にこの疑問がふと浮かんだ私は，早速実験してみることにした．多数の刺激がある場合，動物はより重要な刺激に注意を向けるのが当然と思われる．カマキリの場合，餌に最もよく似た刺激を選んで定位すると予想され，実験の結果もそうなった．これは面白い研究になったと喜んでいたところ，同様の実験がロッセルというカマキリの研究者によって数年前に行われていた．多数の研究者が競い合って研究するような状況なら，誰かに先を越されることもあるだろうが，数少ないカマキリの研究でもそのようなことが起こるのが意外だった．人は似たようなことを考えるものである．幸いなことに，彼の実験ではカマキリに動くターゲットを見せているのに対し，私の実験では静止したターゲットを見せているという違いがあったため，実験成果はお蔵入りにならずにすんだ．

ロッセルと私が調べた結果を簡単にまとめると，次のようになる．カマキリは複数のターゲットのうち，餌のサイズに近いものを選んで定位すると考えられる[10), 11)]．たとえば，カマキリの左右に，餌サイズのターゲットと，それより大きいターゲットや小さいターゲットを見せると，餌サイズのターゲットを選んでサッカードを行う．そして2つのターゲットが同じサイズの時は，反応しなくなることが多くなる．まるでカマキリも迷って判断がつかないかのようだ．サイズが同じ場合でも，一方が近くて鎌が届き，もう一方が遠くて届かない時は，近いほうを選んでサッカードする．カマキリにとって重要なのは，捕まえることができる位置にある餌なので，重要な視覚刺激を抽出して応答する仕組みが存在すると考えられる．

3.5 定位運動のアルゴリズム～追従運動の場合～

追従運動の仕組みも，一筋縄ではいかない．追従運動は，ターゲットの速度情報に応じて眼球（もしくは頭部）の速度を変える仕組みだけでは，うまくいかないからだ．たとえば，移動するターゲットの像を，網膜の中心で捉え続けている状態を考えてみよう．この時，ターゲットの速さと眼球の速さが一致しているので，ターゲットは動いて見えない．つまり，追従運動がうまくいけばいくほど，ターゲットの速さはわからなくなり，運動の制御に必要な情報が得られなくなってしまう．これが感覚信号のフィードバックによる制御の限界である．フィードバックとは，得られた情報に応じて「後から」対応する制御方法である．急に雨が降ってきたのでコンビニに駆け込んで傘を買う行為はフィードバックだ．しかし，もっと用心深い人の場合，雲行きがあやしければ雨が降る前から傘を持ち歩くだろう．このように，先の状態を予想して行う制御をフィードフォワードと呼ぶ．眼球の追従運動は，感覚信号のフィードバックだけではうまくいかない例といえる．

その解決法として，追従運動は運動指令を考慮に入れて制御されると考えられている[9]．運動指令とは，筋肉にどのタイミングでどれだけ収縮するかを伝える命令のことだ．この命令のコピーを利用するというアイディアは，遠心性コピー[12]と呼ばれている（ちなみに，ミッテルシュテッドというカマキリの研究者がこのアイディアの形成に一役買っている）．遠心性コピーの考えは，知覚のさまざまな現象を説明してくれる．たとえば，我々が眼球を自発的に動かした場合，背景が動いたとは感じない．移動の前後で網膜が受けとる像は変化するはずだが，静止した世界を我々は感じている．しかし，眼球が外部の力で動かされると，背景が動いて見える．これは片眼を閉じて，開いているほうの眼を瞼の上から指で動かしてみるとよくわかる．指で押されて眼球が動くと，その分見えている世界が動く．この違いはどこからくるのか？　前者では眼球を動かす筋肉への運動指令が出ているのに対し，後者にはそれがない．前者の場合，運動指令のコピーから眼球の動きが予測でき，その結果として背景がどう動いて見えるかを予測できる．その予測に合った動きが知覚されると，我々は静止した世界を感じると考えられている．このように，遠心性コピーの仕組みは，自らが動いた結果を予想するのに利用できるため，自分の動きと外部の動きの区別に役立つ．

遠心性コピーを利用した追従運動の基本的な原理は，次のようになる（図 3.5）．初めは，知覚したターゲットの速度をもとに眼球を動かす速度を決め，眼球を動かす筋肉へ運動指令を送る．眼球が動

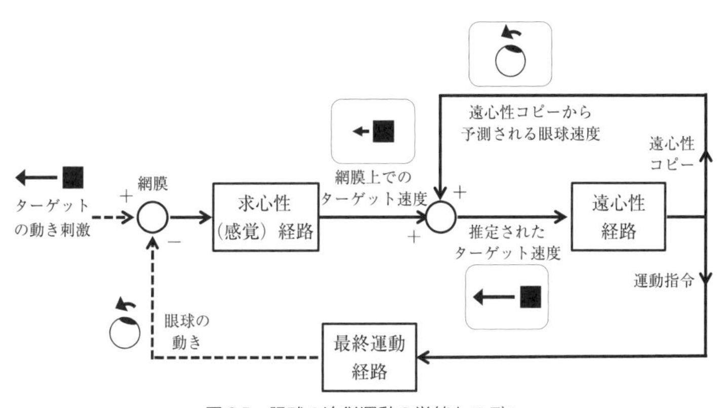

図 3.5　眼球の追従運動の単純なモデル

実線の矢印は神経系の働きを表し，破線の矢印は物理的な動きを表す．詳細は本文を参照のこと．文献 9 を改変引用．

き始めた後は，遠心性コピーから予測される眼球の速度と，知覚したターゲットの速度を足し合わせることで，実際のターゲットの速度を推定できる．その推定されたターゲット速度をもとに，次に眼球を動かす速度を決めればよい．カマキリによる追従運動も，遠心性コピーを利用することで滑らかな動きを行っている可能性がある．

3.6 ハナアブの視覚定位〜雌を追いかける〜

視覚定位の行動は，カマキリ以外にもハナアブやハンミョウなどで詳細に調べられている．ハナアブの場合，雄は空中で雌を追いかけて飛ぶ（図 3.6a）[13]．雄アブの複眼には前方に解像度の高い領域が存在し，雄はこの領域で雌の像を捉えるように飛翔を制御する．カマキリの視覚定位は頭部の回転運動のみだったが，アブの場合は体全体の回転と移動によって定位する．回転による定位は，カマキリと同様に滑らかな追従運動とサッカードからなるが，制御の仕組みがカマキリとは少し異なる．追跡がうまくいってターゲットがほぼ正面（複眼の高解像度領域）にいる間は滑らかに追従し，うまくいかずにターゲットが正面から外れてしまった時はサッカードによって修正するようだ．ヒトやカマキリでは追従運動の回転速度（角速度）がターゲットの速度に比例するのに対し，アブではターゲットの位置に比例する（図 3.6b）．サッカードの回転の大きさは，カマキリ同様にターゲットの位置によって決まる．

アブは前進や後退だけでなく，側方（横方向）への平行移動による視覚定位も時折行うことがある．特にターゲットの動きが遅い時は，その位置に応じて側方移動が行われるようだ（図 3.6c）．この側方移動の速度が調整される仕組みはよくわかっていない．また，アブの雄は雌から一定の距離（5〜15 cm）を保ちながら追いかける．この時に，垂直方向の見かけの大きさを利用して雌までの距離を推定すると考えられている．

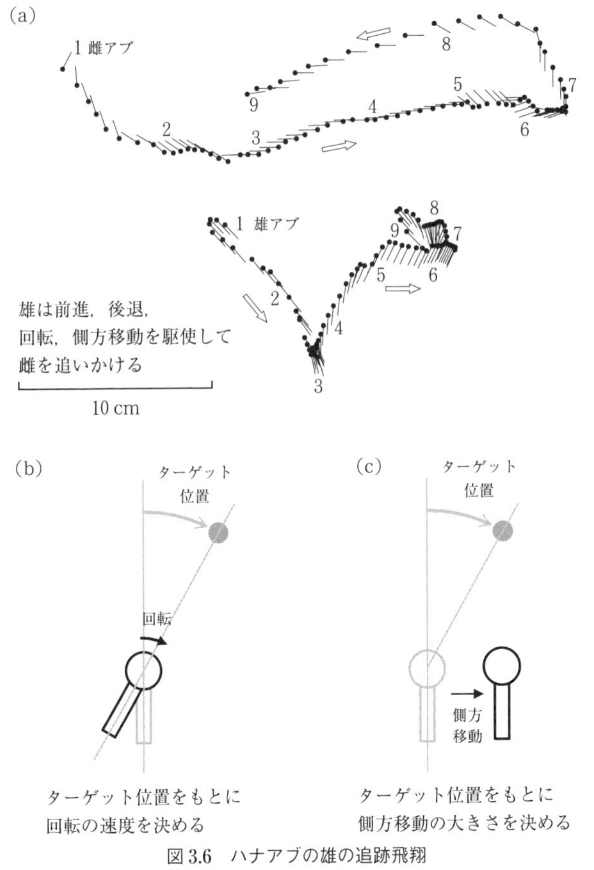

図 3.6　ハナアブの雄の追跡飛翔
a は文献 13 を改変引用．

3.7 ハンミョウの視覚定位〜地上を走る場合〜

ハンミョウは地上を走って餌を捕獲する際に追従行動を行うが，その動きは間欠的である点でハエと大きく異なる．ハンミョウを見たことがない人のために，少し説明をしておこう．ハンミョウはカブトムシなどと同じ甲虫の仲間で，硬い殻に覆われている．意外かもしれないが，甲虫にはオサムシやゲンゴロウなど肉食性のものが多く存在する．ハンミョウもその一種で，金属光沢をもった赤や緑の派手な模様が特徴的だ（図 3.7a）．人がハンミョウに近づくと，少し逃げては止まるということを繰り返す．そのため，日本では「道教え」とも呼ばれている．

(a)

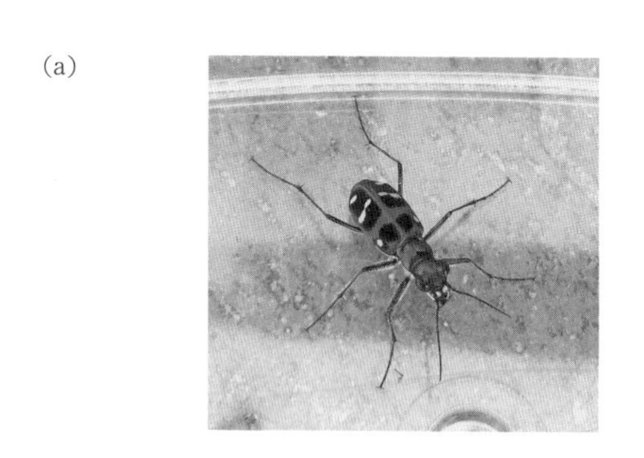

(b)

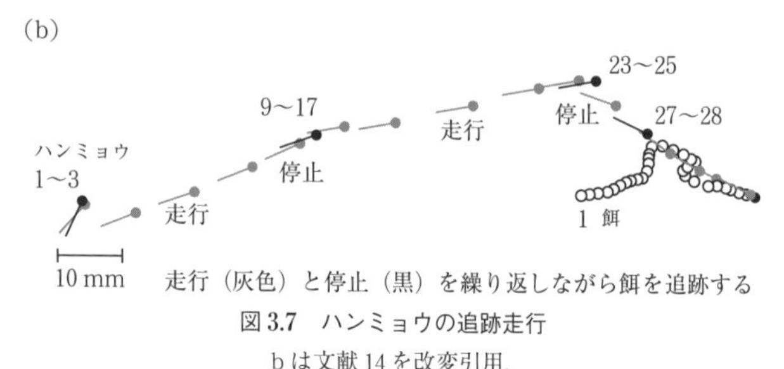

図 3.7　ハンミョウの追跡走行
b は文献 14 を改変引用.

ハンミョウは甲虫の中でも比較的大きな複眼をもち，地上を徘徊しながら餌となる昆虫を探す．餌が生きている必要はなく，死骸を食べることもあるらしい．ハンミョウは餌を見つけると追いかけ回し，最終的には顎で挟んで捕獲する．その際に，少し走っては止まる行動を繰り返す（図 3.7b）[14]．止まっている間に餌が逃げてしまいそうだが，そんな危険をおかしてまでなぜ止まるのか？　これは，カマキリがサッカードで餌を定位するのと似たような理由で説明できる．ハンミョウの場合，地上すれすれから世界を見ているので，その視野内には地面の凸凹や石や草が多数映り込む．ハンミョウが餌を追いかけて走ると，それらの背景も動いて見えるので餌の動きが見えにくくなる．そのため，走るのをやめて休み，その間に餌の動きを確認すると推測されている．

第 2 章で説明したように，複眼では 2 つの個眼の前を物体が横切れば，その動きを検出できる．したがって，餌の動きを見つけるには，餌が最低でも個眼 2 つ分を移動するまで待つ必要がある．ということは，もしハンミョウが餌を再発見するまで休止して待っているのなら，動きの速い餌は（すぐに個眼 2 つ分を横切って）見つけやすいので休止が短くなり，遅い餌はなかなか見つけられなくて休止が長くなると予想される．そこで実際に餌の速さと休止時間の関係を調べると，この 2 つは反比例することがわかっている．

走っている間の体の回転は，アブと同様にターゲット位置に応じて決まる．アブと異なるのは，側方へ移動しないことである．これはアルゴリズムの問題というよりはハードウェアの問題なのかもしれない．アブは空中で前後左右自在に移動する能力をもつが，ハンミョウが高速で走る能力は，前方に限られる可能性がある．前方にも側方にも高速で走ることができる歩行システムは，実現が難しいのかもしれない．

3.8 寄生バエの視覚定位〜宿主を追いかける〜

側方への歩行はゆっくりでよければ可能なようであり，たとえば寄生バエが視覚に基づいて歩いて宿主を追いかける時に見られる．寄生とは，ある生物が他の生物とともに生息することで得をし，他の生物のほうは損をする状態のことだ．この時，利益を得る側を寄生者と呼び，不利益をこうむる側を宿主と呼ぶ．ブランコヤドリバエはチョウやガの幼虫を宿主とする寄生バエであり，それらの宿主の体の表面に卵を産みつける（図 3.8a）．卵から孵化したウジ（ハエの幼虫）は宿主の体内に入り込み，その内部で成長する．最終的には宿主の体を食い破って外に出てくるため，宿主であるチョウやガの幼虫は死んでしまう．普通は，宿主が死ぬと寄生者も棲む場所がなくなって困るので，宿主を殺すまでには至らない．この点において通常の寄生とは少し異なるので，ブランコヤドリバエのようなタイプは専門的には捕食寄生と呼ばれる．

私がブランコヤドリバエの研究にかかわったのは，まだ大学院生の頃に筑波大学の戒能洋一先生に声をかけられたのがきっかけだった．私の学会発表を聞いて，コンピュータのディスプレイに視覚刺激を提示する手法に興味を惹かれたそうで，その手法をブランコヤドリバエの研究に利用したいとのことだった．残念ながらディスプレイを使った実験自体はあまりうまくいかなかったが，その代わりに宿主の擬似モデルをモーターで動かす装置を作成することで，ブランコヤドリバエが宿主を視覚的に見つける手がかりを調べることができた．その当時，私はカマキリの視覚定位に興味をもっていたので，ブランコヤドリバエの視覚定位も一緒に調べることにした．

ブランコヤドリバエの雌成虫は，宿主であるチョウやガの幼虫を嗅覚や視覚を用いて探し出す．まず，宿主に齧られた植物が発する

(a)

アワヨトウの幼虫に産卵を試みるブランコヤドリバエ

(b)

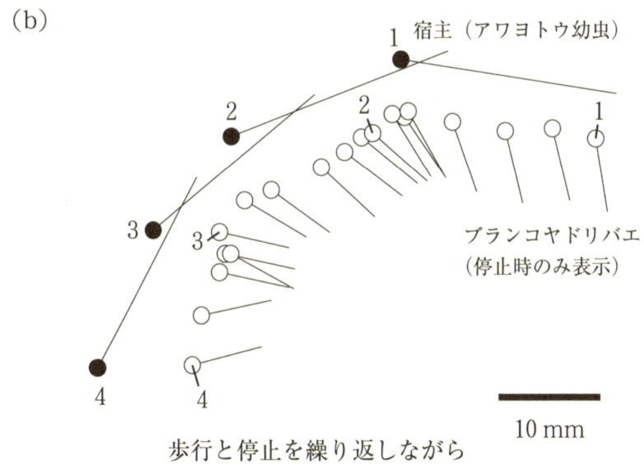

歩行と停止を繰り返しながら
宿主を追跡する

(c)

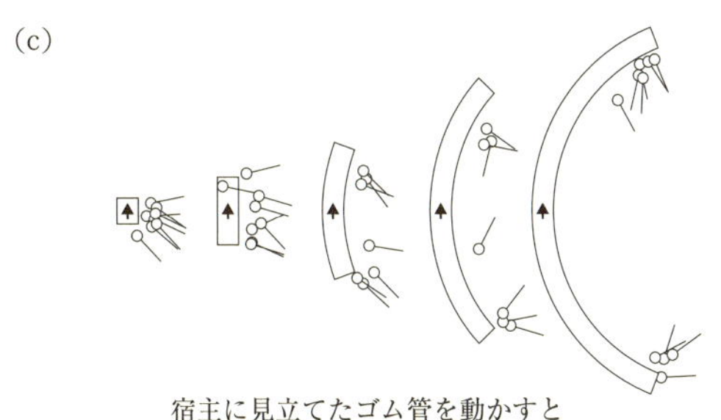

宿主に見立てたゴム管を動かすと
前端か後端に近づいていく

図 3.8　ブランコヤドリバエの追跡歩行

a は戒能洋一先生のご厚意による．b は文献 16 を，c は文献 17 を改変引用．

匂いとその見かけ（色）を手がかりに，宿主がいると思われる植物に飛んでいく[15)]．植物に到達した後は，視覚的に宿主を見つけ出して，歩いて追跡しながらその表皮に脚で触れる．脚に存在する感覚器で宿主として適切かどうかを判断していると考えられている．そして宿主にふさわしいと判断すると，卵を産みつける．卵を産みつける場所はどこでもよいわけではなく，宿主の体の頭部側が好ましいが，頭部そのものはよくないようだ．頭部の表皮は固すぎて，ハエの幼虫が内部に侵入するのに妨げになる．一方，頭と反対側に産みつけると，チョウやガの幼虫は口で自分の体から卵を取り除いてしまう．そのため，ブランコヤドリバエは宿主の頭部に向かって追従行動をするようだ．

この追従行動のアルゴリズムを調べるために，私はひたすらビデオで撮影して動きを解析した．当時は高速度カメラをもっていなかったので普通のビデオカメラを使い，解析用のソフトウェアももっていなかったので自分でプログラミングして作成した．撮影した動画の各コマにおいて，明るさや色をもとにブランコヤドリバエと宿主（アワヨトウ幼虫）を自動判別して位置と向きを計測するだけの，簡易なものだ．自動計測の結果はそれほど正確ではなかったので，結局人の目で確認して修正する必要があったが，それでも解析時間の短縮に大いに役立った（プログラミングという芸は身を助けるものだと，つくづく思う）．

詳細な解析を行った結果，ブランコヤドリバエの追従行動はハンミョウのように歩行と休止の繰り返しからなることがわかった（図3.8b）[16)]．その理由はハンミョウと同じで，背景の影響を避けるためと思われる．ハンミョウと異なるのは，回転運動と側方への移動によってターゲットに隣接した状態を保とうとするところにある．そのアルゴリズムは以下のようになる．まず，ハエから見た宿主頭部の方向に対して回転運動を行い，体全体をそちらに向ける．宿主頭部が前方にある時は前進移動が多くなり，宿主頭部が側方にある時は側方移動が多くなる．また，宿主までの距離が遠い時は前方移動を行うことが多くなる．このハエの目的は，宿主の側面に卵を産みつけることなので，側方移動によって宿主の体軸に対して垂直に近い向きを保持するのは理にかなっている．

では，ブランコヤドリバエはどうやって宿主であるチョウやガの幼虫の頭部を見分けているのか？　これは単純に動き刺激を手がかりとして利用しているらしい．ゴム管を幼虫に見立てて動かしてやっても，このハエは追従行動を見せる[17)]．その際に，ゴム管の両端に近づいていくことから，進行方向に関係なく移動する端を頭部と認識しているらしい（図 3.8c）．本物の宿主では頭部のほうが大きく動くことが多いので，結果的にこのような単純な仕組みでもうまくいくのかもしれない．

このように行動の仕組みがわかってくると，当然，神経機構にも興味が湧いてくる．ブランコヤドリバエの脳には宿主の動きに応答するニューロンがあるのか，追従行動を制御する神経回路はどんな仕組みになっているのか，など疑問がつきない．残念ながら，戒能先生との具体的な共同研究は現在進められていないが，大学院生の研究計画の相談に乗るなど交流は続いている．いつか機会があれば，ブランコヤドリバエの研究に立ち返ってみたいものだ．

3.9 進路を遮る〜インターセプト〜

最後に，これまで見てきたような視覚定位とは少し違った追従行動を紹介しよう．ある種のトンボは地上で待機し，餌となる昆虫が頭上を通ると自分も飛び立って追いかける．その際，単純に餌へ向かって飛ぶようなことはせず，餌の飛翔経路を途中で遮る形で追いつく[18]．これをインターセプトと呼ぶ．インターセプトを行うには複数の方法がある．もしターゲットが生き物ではなく物体の場合，その運動は物理法則に従うのでターゲットの初めの位置と速度から軌道が予測できる．あとは自分の移動速度を考慮して，遭遇に最適な位置を求めればよい．しかし，ターゲットが生き物の場合，その軌道は途中で変わってしまうことがある．そのため，計算で遭遇位置を求めることはできない．

そこで，トンボがとっていると考えられるアルゴリズムは，自分の進行方向を基準としたターゲットの方向を常に一定に保つことである．たとえば，地面の植物にとまっているトンボが空中にいる餌を発見した際に，その位置がトンボから見てちょうど真上の位置だったとしよう．斜め上向きに離陸した後，餌が常に真上にあるようにその飛翔経路を調整すれば，いつかは餌と遭遇することになる（図 3.9a）．

インターセプトの一番の利点は，効率的に餌に追いつくことができるところにある．普通に追従行動をすると，途中で進行方向を変える必要が出てくるため，その経路は曲線を描いて最短経路にはならない（図 3.9b）．一方，インターセプトでは餌との遭遇位置へ

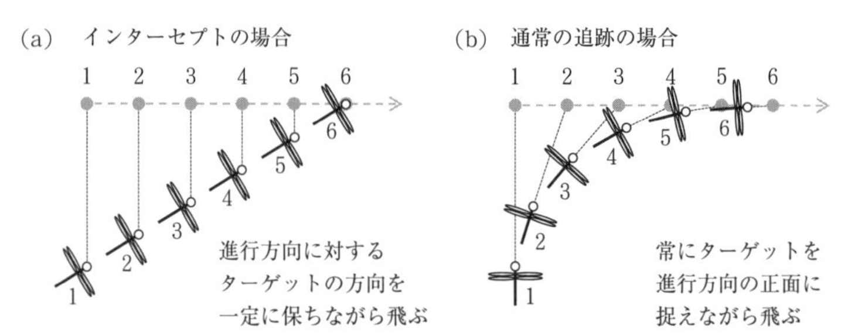

図 3.9　インターセプトと通常の追跡の違い

インターセプトのほうが早く追いつくことに注目してほしい．文献 18 を改変引用．

向かってまっすぐ飛ぶため，エネルギーと時間の節約になる．つまり，同じ速度で追いかけても，インターセプトのほうが早く追いつくことができる．また，インターセプトでは餌から見たトンボの位置がほとんど動かないので，その存在に気づきにくくなるという利点もあるらしい．

実のところ，トンボによるインターセプトの仕組みの詳細はよくわかっていない．トンボの複眼には背側に解像度の高い領域があり，飛行中はその領域でターゲット像を捉え続けるために頭部の向きを調節する[19]．しかし，胴体は頭部と違ってターゲットの方向を向かない．そこで，胴体に対する頭部の向きの情報から，進行方向を基準とした餌の位置を知るのかもしれない．

3.10 定位の起源

この章では目標指向型運動として視覚定位の例を紹介したが，聴覚や嗅覚などの他の感覚による定位も基本的な仕組みは同じである．動物は，その頭部に目や耳，鼻などの感覚器官が揃っていることが多い．そのため，興味を惹くターゲットに頭部を向けることで，より多くの感覚情報を得ようと試みる．そして，多くの動物は頭部前方に口がついているので，摂食の際に頭部を餌の方向に向ける．定位行動は，摂食などの他の行動を開始する前の手始めの運動といってもいいかもしれない．脊椎動物や昆虫と違って，ヒトデやクラゲなどの一見前後の向きがない体をもつ動物では，定位行動は必要なさそうに見える．しかし，ある種のウニは体に長軸と短軸の区別があり，壁際などに沿って移動する際には体の長軸を壁に平行に保つ[20]．その点において，ある種の定位行動を行う可能性がある．次の章では，定位の後に物体の方向へ脚を伸ばす運動の話をする．

引用文献

1) Land, M. F. (2015) Eye movements of vertebrate and their relation to eye form and function. *J. Comp. Physiol. A*, **201**: 195-214
2) 日高敏隆 監修 (1996)『昆虫Ⅰ (日本動物大百科 8)』平凡社
3) 安藤喜一 (2008) オオカマキリの耐雪性, 『耐性の昆虫学』(田中誠二・小滝豊美・田中一裕 編著), 57-67, 東海大学出版会
4) Rossel, S. (1979) Regional differences in photoreceptor performance in the eye of the praying mantis. *J. Comp. Physiol.*, **131**: 95-112
5) Lea, J. Y., Mueller, C. G. (1977) Saccadic head movements in mantids. *J. Comp. Physiol.*, **114**: 115-128
6) Rossel, S. (1980) Foveal fixation and tracking in the praying mantis. *J. Comp. Physiol.*, **139**: 307-331
7) Frost, A., Niemeier, M. (2015) Suppression and reversal of motion perception around the time of the saccade. *Front. Sys. Neurosci.*, **9**: 143
8) Yamawaki, Y. (2000) Saccadic tracking of a light grey target in the mantis, *Tenodera aridifolia*. *J. Insect Physiol.*, **46**: 203-210
9) Lisberger, S. G., Morris, E. J., Tychsen, L. (1987) Visual motion processing and sensory-motor integration for smooth pursuit eye movements. *Ann. Rev. Neurosci.*, **10**: 97-129
10) Rossel, S. (1996) Binocular vision in insects: how mantids solve the correspondence problem. *Proc. Nat. Acad. Sci. USA.*, **93**: 13229-13232
11) Yamawaki, Y. (2006) Investigating saccade programming in the praying mantis *Tenodera aridifolia* using distracter interference paradigms. *J. Insect Physiol.*, **52**: 1062-1072
12) von Holst (1954) Relations between the central nervous system and the peripheral organs. *British J. Anim. Behav.*, **2**: 89-94
13) Collett, T. S., Land, M. F. (1975) Visual control of flight behaviour

in the hoverfly, *Syritta pipiens* L. *J. Comp. Physiol.*, **99**: 1-66

14) Gilbert, C. (1997) Visual control of cursorial prey pursuit by tiger beetles (Cicindelidae). *J. Comp. Physiol. A*, **181**: 217-230

15) Ichiki R. T., Kainoh, Y., Yamawaki, Y., Nakamura, S. (2011) The parasitoid fly *Exorista japonica* uses visual and olfactory cues to locate herbivore-infested plants. *Entomol. Exp. Appl.*, **138**: 175-183

16) Yamawaki, Y., Kainoh, Y., Honda, H. (2002) Visual control of host pursuit in the parasitoid fly *Exorista japonica*. *J. Exp. Biol.*, **205**: 485-492

17) Yamawaki, Y., Kainoh, Y. (2005) Visual recognition of the host in the parasitoid fly *Exorista japonica*. *Zool. Sci.*, **22**: 563-570

18) Olberg, R. M., Worthington, A. H., Venator, K. R. (2000) Prey pursuit and interception in dragonflies. *J. Comp. Physiol. A*, **186**: 155-162

19) Olberg, R. M., Seaman, R. C., Coats, M. I., Henry, A. F. (2007) Eye movements and target fixation during dragonfly prey-interception flights. *J. Comp. Physiol. A*, **193**: 685-693

20) Yoshimura, K., Motokawa, T. (2008) Bilateral symmetry and locomotion: do elliptical regular sea urchins proceed along their longer body axis? *Mar. Biol.*, **154**: 911-918

目標に合わせて動きを制御する
～脚の運動制御～

4.1 カマキリの捕獲行動～餌の位置を知るには？～

カマキリの捕獲行動は，典型的な目標指向型運動，つまり目標の状態へと姿勢を変化させる運動である．第1章の最後で少し述べたが，カマキリは餌を視覚で検出し，その位置に応じて鎌（前肢）を伸ばしてつかむ．この捕獲行動は何度見ても面白く，虫が嫌いな人でも興味を惹かれることが多い．カマキリを飼っている中で捕獲行動を何千回と見ていると，その動作はいつも同じではなくさまざまに変化することに気づく．たとえば，左右の前肢はいつでも同時に動き出すわけではなく，一方が先に動き出すこともある．また，体の動きと連動して，前に飛び出しながら前肢を伸ばすことも少なくない．それらの体全体の動きの制御も興味深い問題なのだが，ここでは前肢の運動に焦点をあてる．

この捕獲という動作を遂行するには，どんなアルゴリズムが必要だろうか．まず，感覚情報から餌の位置を知る仕組みを考えてみよ

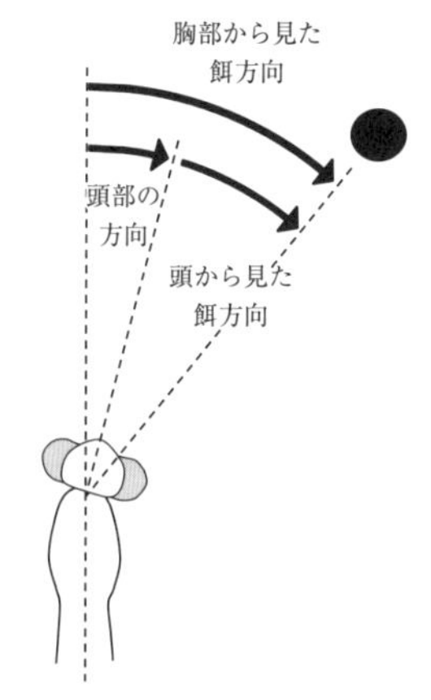

図 4.1 餌方向の計算
「頭から見た餌方向」に「頭部の方向」を足すと「胸部から見た餌方向」になる.

う．餌の位置は方向と距離に分けて考えることができるので，まず方向から考えることにする．前肢を動かすには，前肢の付け根である胸部から見た餌の方向を知る必要がある（図 4.1）．一方，複眼で検出できる餌の方向は「頭部から見た餌方向」なので，これに「胸部に対する頭部の向き」を考慮すれば「胸部から見た餌方向」を知ることができる．カマキリの神経系は，この 2 つの情報を統合することで前肢の動きの制御に必要な情報を得ていると考えられる．これから順番にその詳細を説明していこう．

4.2 複眼から見た餌方向を知る

視覚を利用して餌の方向を知るには，まず餌を見つけなければならない．カマキリの脳には，ちょうど餌ぐらいのサイズの物体の動きに応答するニューロン（神経細胞）がいくつか見つかっている[1)]．これらのニューロンは，物体の実際のサイズではなく見かけの大きさによって反応が変わる．見かけの大きさは角度で表す

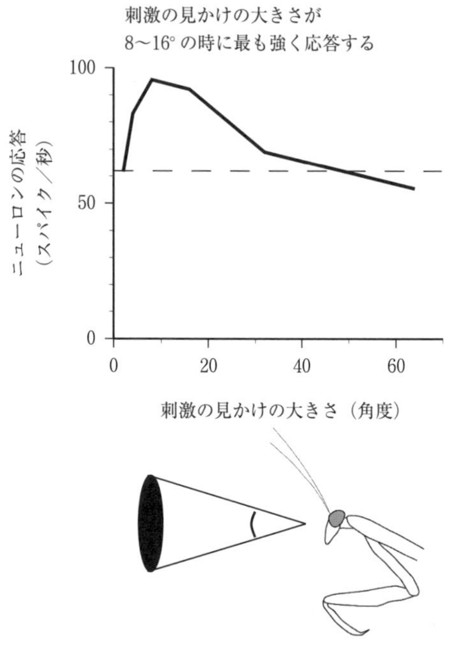

図 4.2　カマキリの餌検出ニューロンの応答の例

ことができ，視角と呼ばれる．たとえば，オオカマキリ成虫のあるニューロンは，視角が 8〜16°の正方形の動きに最も強く応答する（図 4.2）．これは実際にどの程度の大きさの物体に相当するのだろうか．物体の実際のサイズは，物体までの距離がわかっていれば視角から計算することができる．オオカマキリの場合，餌が 2〜5 cm 程度離れている時に捕獲を行うようだ．餌が遠い場合を考えて，距離 5 cm で視角 8〜16°の場合を計算すると，物体のサイズは約 7〜14 mm になる．これは思ったよりも小さいが，カマキリが通常食べる餌のサイズとおおよそ一致する．これらのニューロンは，餌の動き刺激がどこにあっても反応するわけではなく，視野の中で応答する領域が決まっており，その領域を受容野と呼ぶ．受容野の大きさはそれぞれ異なり，小さいものは視角 30°程度で，大きいものは 90°にも及ぶ．

カマキリだけでなく，アブやトンボの脳でも小さい物体の動きに応答するニューロンが報告されており，それらは STMD（small target motion detector：小ターゲット検出器）と呼ばれている[2)]．STMD は，視葉と呼ばれる，脳の中でもっぱら複眼からの情報を受けとる部分にある．アブの STMD はとりわけ優れた機能をもち，背景全体が動いていてもターゲットの動きを検出できる．アブの雄は飛びながら雌を追いかけるので，飛行中に受けとる背景の動き（オプティックフロー）に惑わされずに小さいターゲットを検出する仕組みをもっているようだ．トンボでは，餌の動きの情報を脳から体へと伝えるニューロンが左右に 8 種類ずつ見つかっている[3)]．左右合わせても 16 個しかないが，それらのニューロンの活動パターンから餌の運動方向を知ることが理論的に可能なことがわかっている．

このように多数のニューロンで情報を表す仕組みは，集団符号化と呼ばれる．これは大事な概念なので，さらに詳しく説明しておこう．ニューロンが情報を表す仕組みとしては，集団符号化のほかに色分け電線（専有回線）方式もある．これは特定のニューロンに特定の情報を割りあてる方式だ．すべての感覚ニューロンはどのような情報を扱うかがある程度決まっていて，いわば色つきのラベルが貼られている．たとえば，目をつぶって瞼の上から眼球をギュッと押さえると光のパターンが見えるだろう．これは物理的な刺激に眼の網膜の視細胞が応答した結果で，もとは圧力刺激であっても脳はそれを光と解釈する．それは，視細胞からの情報は「光」としてラベルされているからだ．餌の運動方向を完全な色分け電線方式で表

(a)　色分け電線方式

0° を表す時は，0° を専門とするニューロンだけが活動する

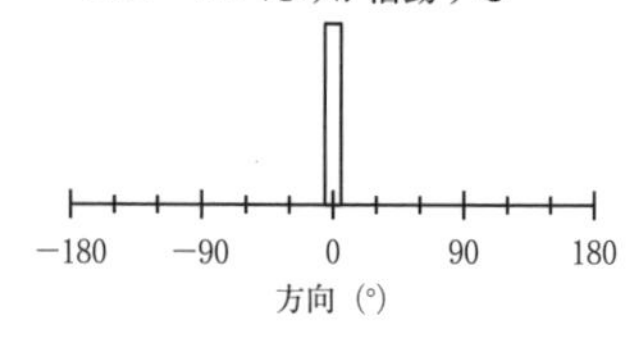

45° を表す時は，45° を専門とするニューロンだけが活動する

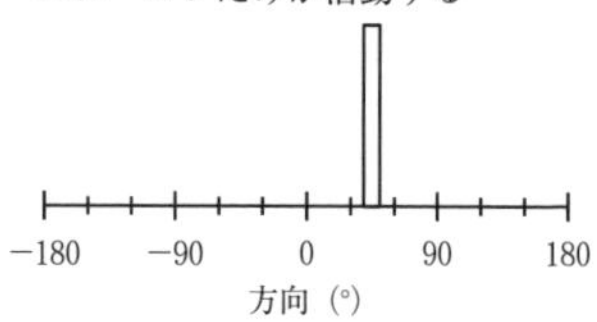

(b)　集団符号化方式

0° を表す時は，複数のニューロンが活動するが，0° 付近を「好む」ニューロンの活動が大きくなる

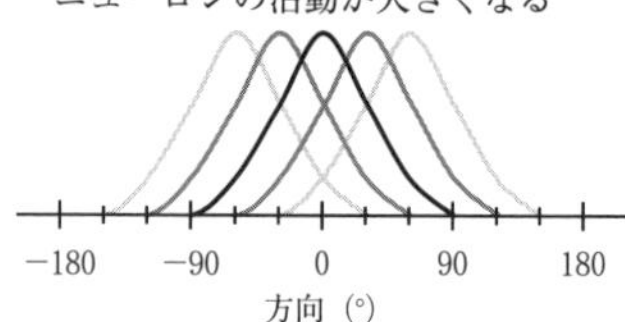

45° を表す時は，45° 付近を「好む」ニューロンの活動が大きくなる

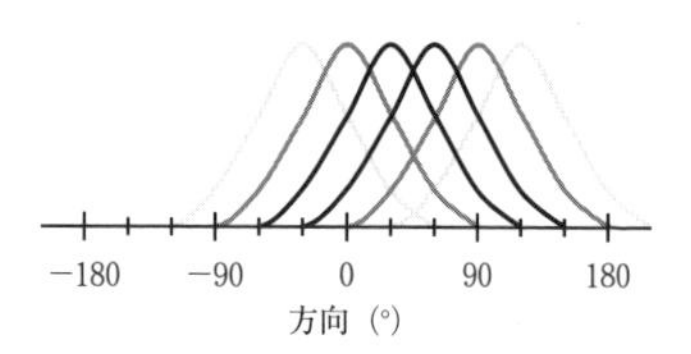

ニューロンの「好み」の方向と活動の大きさを矢印（ベクトル）で表して平均すると，0° になる

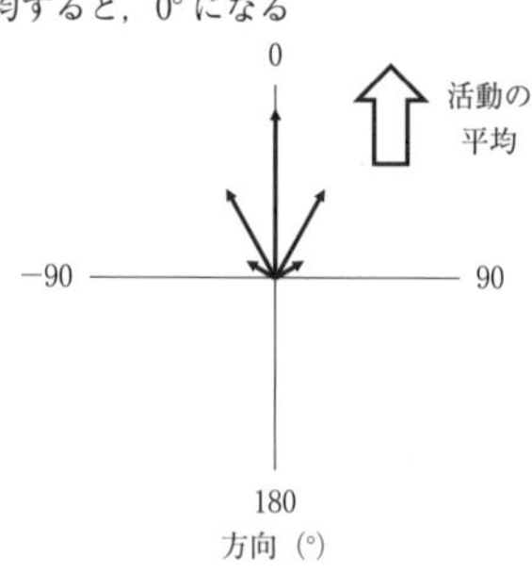

45° を最も「好む」ニューロンがなくても，活動の平均は 45° になる

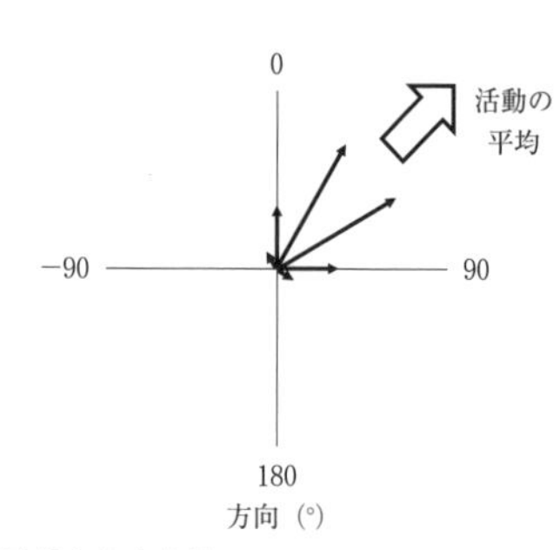

図 4.3　ニューロンが情報を表す方法

すには，各角度に対応するニューロンがあればいい．たとえば1°の精度で運動方向を表すには，1〜360°までのそれぞれの角度に対応する360個のニューロンがあれば可能である（図4.3a）．それぞれのニューロンは自分が受けもっている角度の時にのみ応答して，それ以外の時は応答しない．一方，集団符号化方式では，ニューロンはある特定の運動方向に強く応答するものの，それに近い方向にもそれなりに応答する（図4.3b）．ひとつひとつのニューロンの応答は明確に運動方向を示さないが，そのようなニューロンが多数存在すれば，集団の活動を見ることで運動方向を知ることができる．これはニューロンによる投票や株主総会などと比喩される．

カマキリが視覚で餌方向を知る仕組みも，餌を検出するニューロンが集団で働くことで成り立っている可能性が高い（図4.4）．それ

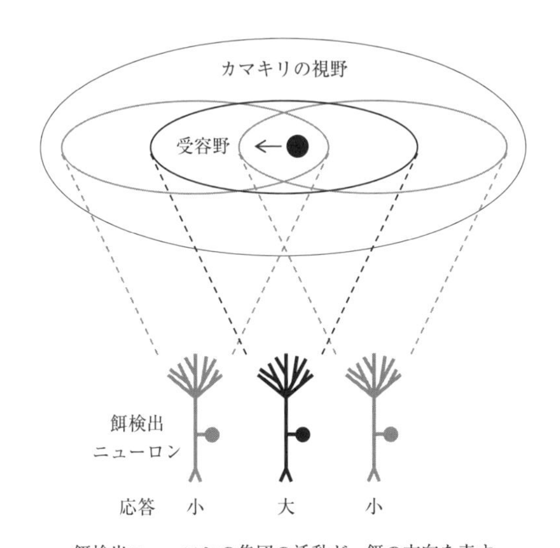

図4.4　餌検出ニューロンが餌の方向を表す方法の仮説
この場合，ニューロンの活動の平均は，餌が視野の中心付近にあることを示す．

ぞれのニューロンは，視野のある特定の領域（受容野）での餌の動きに強く応答する．通常，受容野の中心付近に刺激がある時に，応答が最も大きくなる．そのようなニューロンが多数存在して視野全体を覆いつくしていれば，ニューロンの集団活動から餌の方向を知ることが原理的に可能である．

4.3 頭部の向きを知る

次に，頭部の向きを知る仕組みを考えてみよう．頭に限らず，自分の体の状態を知るための感覚は，自己受容感覚や体性感覚と呼ばれる．昆虫の場合，関節の部分に生えている毛が自己受容感覚にかかわることが多い．カマキリの首の側面にも多数の毛があり，それらは感覚毛と呼ばれる（図 4.5a）[4]．カマキリが首を曲げると，頭の後ろ側が首の感覚毛にあたる．その接触刺激に対して，感覚毛の内部にあるニューロンが反応する．感覚毛は左右にそれぞれ 400 本ほど並んで生えており，首の曲がる方向や曲がり具合によって，それらの応答が変化する．首を深く曲げるほど，たくさんの感覚毛が刺激されて反応すると考えられている．感覚毛のニューロンの集団活動によって頭部の向きが表されると予想されるが，その詳細はまだわかっていない．

感覚毛の役割は，その働きを邪魔してみることでよくわかる．たとえば，左側の感覚毛からの神経を切って働かなくすると，カマキリは餌の右側に前肢を伸ばしてしまい捕獲に失敗する[5]．この現象はどんなアルゴリズムで説明できるだろうか．通常，頭部が胸部に対してまっすぐの状態であっても，感覚毛の一部は曲がっている．つまり，頭部がまっすぐな時は，少数の感覚毛が反応しておりその数は左右で変わらない（図 4.5b 左）．頭部が右を向くと，右側の感覚毛は多数が反応するのに対して，左側ではその数が減る（図 4.5b

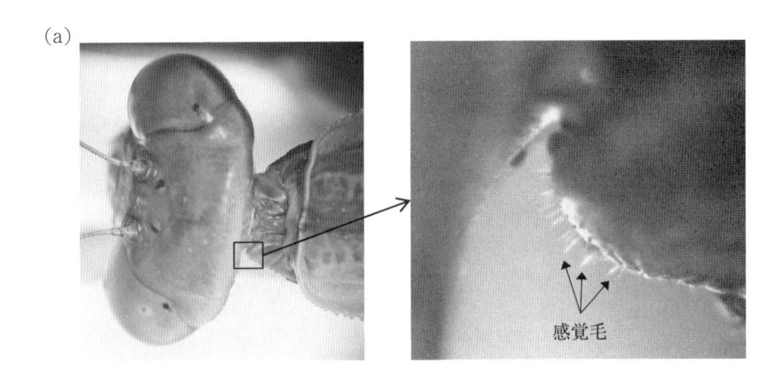

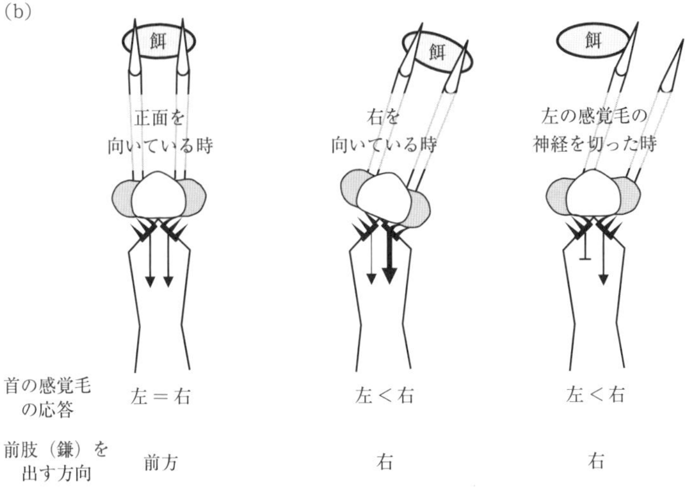

図 4.5　首の感覚毛が頭部の向きを知らせる仕組み

a：感覚毛の一部．b：感覚毛の神経を切った実験の結果．文献 5 を改変引用．

中)．カマキリ神経系は，この左右差から頭部の向きを判断すると考えられる．それでは，左の感覚毛からの神経を切断すると何が起きるだろうか？　左の感覚毛からの信号が届かなくなると，右の感覚毛の応答が左よりも強くなる（図 4.5b 右）．そのため，カマキリ神経系は頭部が右を向いていると解釈する．この間違った頭部向きを計算に入れた結果，前肢を餌よりも右側に伸ばすと考えられる．

頭部から見た餌方向と頭部方向を統合して計算する機構の詳細は，全くわかっていない．視覚によって得られた餌方向の情報は，胸部にある神経節に伝えられると考えられる．昆虫は頭部に脳をもつほかに，体節ごとに神経節と呼ばれる構造をもつ．神経節は脳と同じように多数のニューロンが集まって情報を処理する部分で，特に胸部神経節は脚や翅の動きの制御にかかわる．カマキリの場合，脳から（餌方向の）情報が胸部神経節に送られるだけでなく，首の感覚毛が報告する頭部の向きも胸部神経節に送られる．よって，胸部神経節がこの 2 つの情報を統合して，胸部から見た餌方向を計算するのかもしれない．しかし，実際のところはわかっておらず，その解明が私の目標の 1 つである．

4.4 距離を測る

次は，餌までの距離を推定する仕組みを考えてみよう．ヒトの場合，なぜ物が立体的に見えるか聞いたことがある方も多いだろう．聞いたことがなくても，片眼では距離感がつかみにくいのは体験したことがあるはずだ．我々の両眼は少し離れているため，網膜に映る像は左右で微妙に異なる．この違いを両眼視差と呼び，この両眼視差によりヒトは物体までの距離を推定することができる．実のところ，両眼視差以外にも距離を知る手がかりは多数あるが，それらは補助的な役割を果たす．

カマキリも，両眼視差を利用して距離を推定すると考えられている（図 4.6）[6]．遠く離れた山や月などの背景を見る場合，両眼で受けとる視覚刺激はほとんど変わらない．そのため，物体が見える方向は左右の眼でほぼ同じになる．餌が遠くにある時，餌が見える

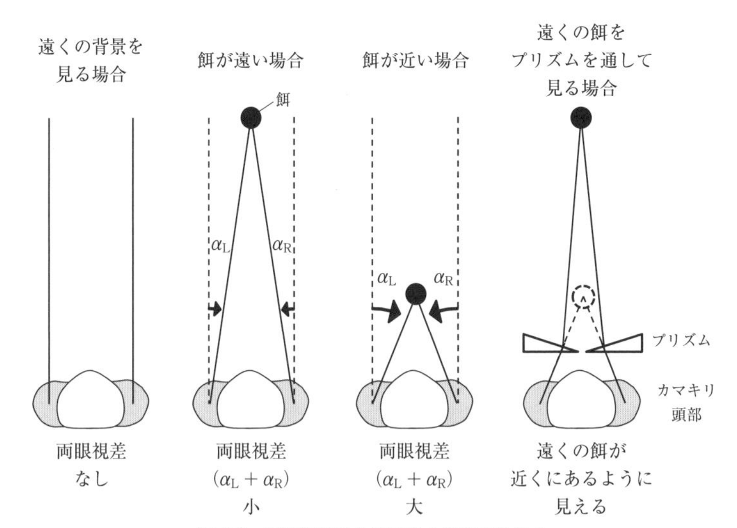

図 4.6　両眼視差による距離の推定の仕組み
文献 6 を改変引用.

方向は左右の眼で少しだけ異なる．この時の両眼視差は小さい．一方，餌が近くにあると，餌が見える方向は左右の眼で大きく異なり，両眼視差が大きくなる．カマキリは，この両眼視差の大きさで距離を推測している．それはプリズムを使った単純明快な実験で証明されている．プリズムは光の進行方向を曲げる作用をもつ（その曲がり具合が光の色によって異なるため，太陽光が虹色に分かれることを示したのが，ニュートンの実験だ)．そのため，眼の前にプリズムを置くと，物体は本来の方向とは少しずれた位置に見える．そこで，プリズムを使って左眼には餌が右側にずれて見えて，右眼には左にずれて見えるようにすると，本来遠くて届かない餌を捕獲しようとする．これはプリズムの作用で両眼視差が大きくなったためと説明できる．

4.5 前肢の動きを調節する

これで，餌の方向と距離を知るアルゴリズムの概要はわかった．では，カマキリはこの餌の位置情報に応じて，どのように前肢の動きを調整しているのだろうか．その説明の前に，捕獲において前肢がどのように動くのかをまず知る必要がある．昆虫の前肢は，体の中央から末端に向かって，基節，腿節，脛節，ふ節の4つの部分からなる（図4.7a）．このうち，ふ節は地面につく部分であり，捕獲の際には使用されない．鎌の形をしているのが脛節で，その下側には無数の棘（とげ）がついている．腿節の下側にも棘がついており，餌はこの脛節と腿節の間に挟まれる．ほとんどの棘は固定されていて動かないが，腿節の棘の一部は押さえると根元が曲がって前方に倒れ込む[7]．この動く棘は，餌が接触しているのを検出し，挟み込む反射を引き起こすと考えられている（だから，鎌に指で触っただけで挟まれることがある）．最後に，基節は胸部につながっており，胸部と基節の間の関節はヒトの肩のように自由に動く．そのため，前肢全体が前後左右に動くだけでなく，内側や外側にひねる運動も少しだけできる．

捕獲の間の前肢の運動を調べるには，高速度カメラという特別な撮影装置が必要になる．普通のビデオカメラは，1秒間に約30枚の画像を記録する．つまり，連続して撮影する画像の時間間隔は約0.033秒である．捕獲は0.2秒程度で行われる素早い運動なので，普通のカメラではたった6枚の画像にしかならない．当然，これでは撮影しても動きの詳細がよくわからない．そこで私の研究室では，1秒間に200枚の画像を撮影できる高速度カメラを使って前肢の運動を解析している（それでも少し足らないので，より速いカメラを使うことを考えている）．捕獲中の前肢の運動は，左右方向の

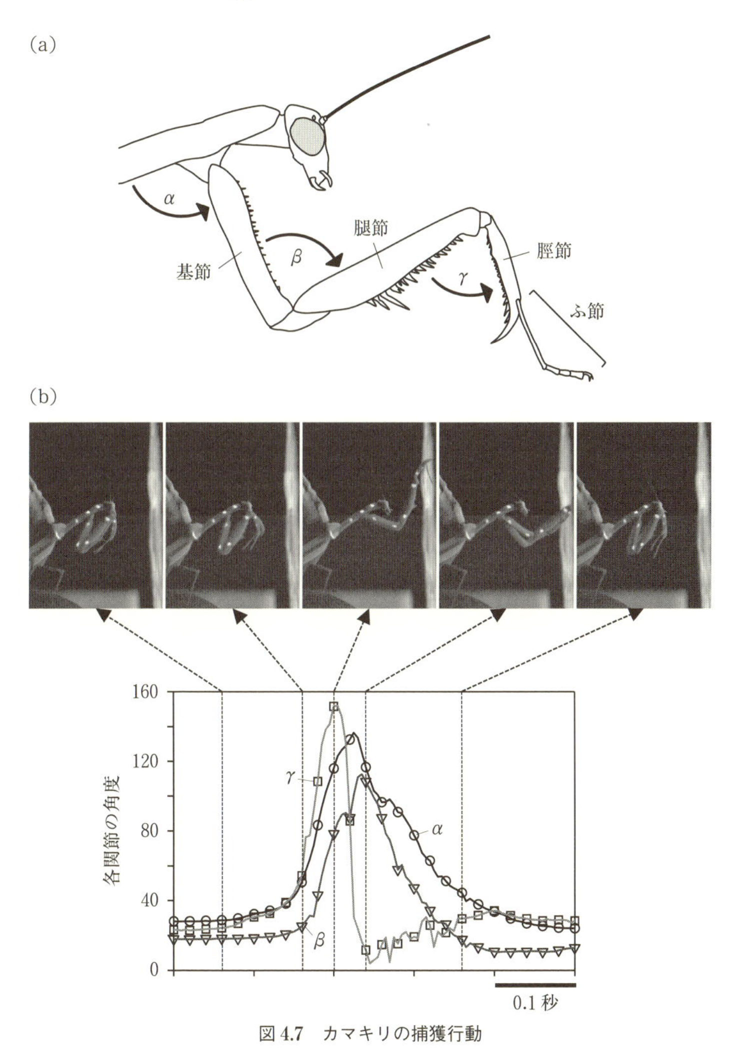

図 4.7　カマキリの捕獲行動

a：カマキリの前肢（鎌）の模式図．b：捕獲行動の例．横軸は時間を表す．縦軸は基節（α，丸），腿節（β，三角），脛節（γ，四角）の関節角度を示す．各点線のタイミングは上の写真に対応する．

動きをほとんど含まず前後方向と垂直方向に沿って行われる．以下の説明では，カマキリを横から見た時を想像してほしい（図 4.7b）．典型的な捕獲では，まず基節が前方に伸ばされるのと同時に脛節が開き始める．それに少しだけ遅れて，腿節が開き始め急激に伸ばされる．その際に，基節と脛節も急激に伸ばされて，前肢の全体が一気に伸ばされることになる．最後に，脛節が閉じることで餌が挟まれ，残りの関節ももとの位置に戻る．この一連の運動は，前肢と胸部に存在する多数の筋肉がそれぞれ適切なタイミングで活動することで達成される．カマキリの胸部にある神経節が，その筋活動のパターンを制御する命令を出していると考えられる．

この前肢運動を餌の距離や方向に応じて調整することで，カマキリは脛節か腿節の下側（棘のある側）がうまく餌にあたるようにしている[8]．前肢の水平方向の調整には基節が重要で，基節を餌の水平方向に合わせて向けることで前肢全体がそちらを向く．垂直方向の調整には基節の開き具合がかかわる．餌が高い位置にある時は基節をより前方上側に送り出し，餌が低い位置にある時は基節を胸部に近い位置にとどめる（図 4.8a）．距離の調整には腿節の開き具合が重要で，餌が遠くにある時は腿節を大きく伸ばし，近くにある時はあまり伸ばさないで曲げたままにする（図 4.8b）．以上の説明は非常におおざっぱなもので，実際には基節と腿節の動きの相対的なタイミングが重要になってくる．

こうして捕獲時の前肢の運動は左右，上下，前後に調整されるが，その際の筋肉の働きはほとんどわかっていない．筋肉の収縮は運動ニューロンと呼ばれるニューロンによって制御されるが，カマキリの運動ニューロンの研究は始まったばかりで，やはりほとんどわかっていない．現在，私たちは捕獲行動中の筋肉の活動を記録する実験を行っているところである．筋肉の活動は，銅などの金属の

(a) 餌の方向（高さ）

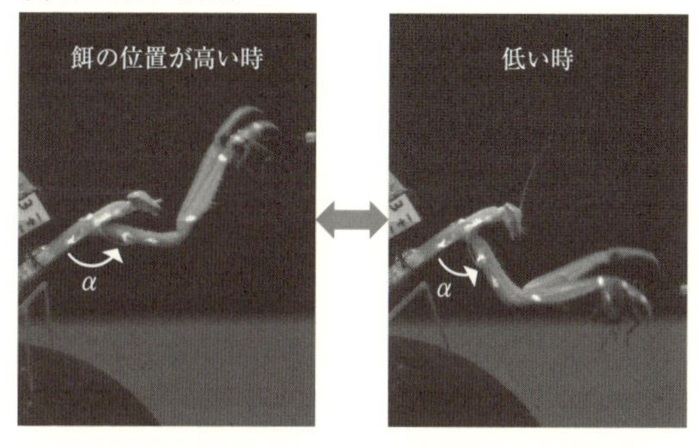

(b) 餌の距離

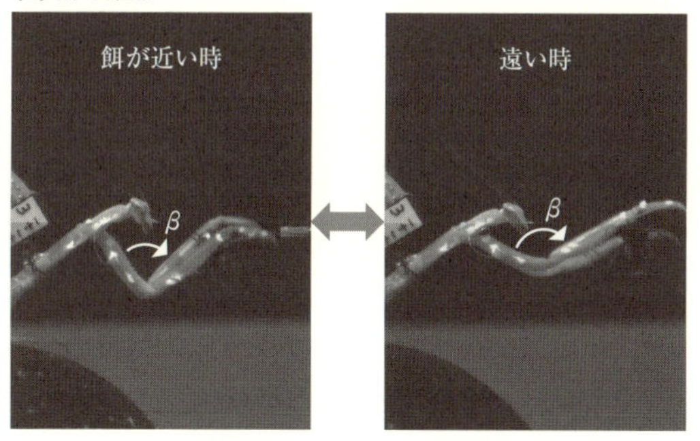

図 4.8　餌の方向や距離に応じた捕獲動作の調整

a：餌の位置が高い時は，基節（α）をより前方上側に送り出す．b：餌が遠くにある時は，腿節（β）を大きく伸ばす．

細いワイヤを筋肉に刺すことで記録できる．バッタなどではそのような記録は簡単にできるのだが，カマキリの場合は思いのほか難しい．注意深く見張っていないとすぐにワイヤを噛み切ってしまうのである．また，やっとうまく記録がとれたと思っても，前肢は確かに動いているのに筋肉の活動が見られないという不思議な現象に悩まされた．しかし，以下に紹介するバッタの研究のおかげでこの疑問は氷解した.

4.6 感覚情報を運動指令に変換する

これまでに説明したカマキリの捕獲行動の仕組みをまとめると,次のようになる.脳には視覚によって餌を検出するニューロンが多数あり,そのニューロンの集団活動で餌の方向がわかる.一方,餌までの距離は両眼視差から推定される.この頭部から見た餌の位置情報は,首の感覚毛で得られた頭部の向きと統合されて,胸部から見た餌位置が計算される.その情報をもとに,前肢への運動指令(筋肉にどのタイミングでどれだけ収縮するかを伝える命令)が適切に調整されて捕獲に至る.一連の流れの最後の部分,感覚情報をもとに運動指令を決定する過程は感覚運動変換と呼ばれ,この仕組みを知ることが私の一番の研究目標である.

感覚運動変換の仕組みはヒトやサルにおいて盛んに調べられているが,未解明な部分がかなり残されている.第1章で述べたように,脊椎動物に比べて昆虫の神経系ははるかに少ないニューロンで成り立っているので,感覚運動変換にかかわる主なニューロンをひとつひとつすべて調べ上げる研究も不可能ではない.昆虫であるカマキリを使うことで,その仕組みの解明に迫れるのではないかと期待している.だが,その前に調べることは山ほどあり,まだまだ先のことになりそうである.

4.7 バッタの引っかき行動〜かゆいところに脚を伸ばす〜

視覚ではなく触覚で脚の動きを制御する行動として,バッタの引っかき行動がある.我々がどこか体がかゆいと手でかくように,バッタは体の一部を弱く刺激されると脚の先でその部分を数回こする.この行動には,体についたゴミなどの異物を取り除く働きがある．この行動はいつも同じパターンで行われるわけではなく，状況に応じて異なる動作が選ばれる．たとえば，脚によって届く範囲が異なるので，腹部をブラシで触られると後脚でこすり，後脚の付け根を触られると中脚でこするというように，触られた場所によって使う脚を変える[9]．また，同じ後脚の動作であっても，触られた

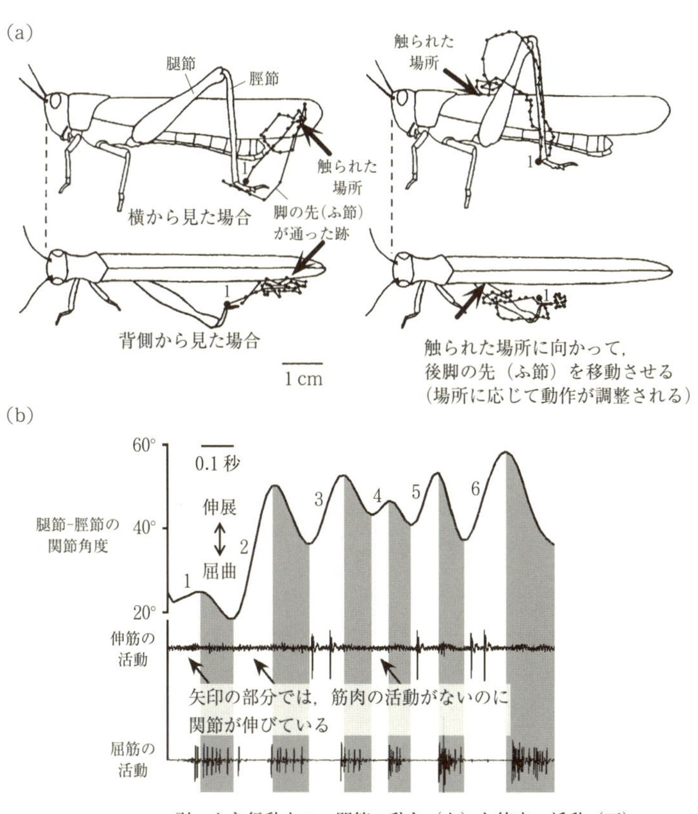

引っかき行動中の，関節の動き（上）と筋肉の活動（下）

図 4.9　バッタの引っかき行動

a は文献 10 を，b は文献 12 を改変引用．

場所に応じて微妙に調整される．たとえば，翅の先端をブラシで触られた時と付け根を触られた時では，動作のパターンが異なる（図4.9a）[10), 11)]．この時の動作の変化は連続的であって，運動の角度や速度などを微妙に変えることで成り立っている．この点において，バッタの引っかき行動はカマキリの捕獲行動に似ている．

しかし，バッタの引っかき行動は，脳がなくても起こるという点でカマキリの捕獲行動とは大きく異なる[9)]．胸部や腹部への接触刺激は胸部にある神経節へと伝えられ，脚を動かす筋肉を収縮させる運動ニューロンも胸部神経節にある．そのため，胸部神経節の中の神経回路において，感覚情報から適切な運動指令が作り出されると考えられる．その仕組みはまだよくわかっていないが，運動ニューロンの活動と関節の運動の関係については，研究が進められている．

運動ニューロンは筋肉に直接連絡してそれを収縮させる働きをもち，いくつかの種類がある．たとえば，筋肉の強い瞬間的な収縮を引き起こす速いタイプの運動ニューロンと，弱い持続的な収縮を引き起こす遅いタイプの運動ニューロンがある．遅いタイプの運動ニューロンは，姿勢の維持やゆっくりとした動きを行うのに使われる．一方，速いタイプの運動ニューロンは，バッタのジャンプのような急激な動きでしか使われないと当初考えられていた．しかし，バッタの引っかき行動のような中程度の速さの運動においても，時折，速いタイプの運動ニューロンが活動することがわかってきた[12)]．大きくて速めの動きが必要な時は，遅いタイプだけでなく速いタイプの運動ニューロンも関与するようだ．

また面白いことに，運動ニューロンの活動がなくても関節が動くことがある[12)]．引っかき行動では，後脚の腿節-脛節の関節が伸びたり曲がったりを交互に繰り返す（図4.9b）．それに合わせて，関節を伸ばす働きをもつ伸筋の運動ニューロンと，曲げる働きをもつ屈筋の運動ニューロンが交互に活動する．しかし，運動ニューロンが活動していないのに，関節が動くケースがしばしば観察される．これは関節や筋肉そのものがもつ弾性（ゴムのように伸び縮みする性質）によると考えられている．たとえば，木やゴムの棒の両端に力を加えてしならせても，手を離せばもとに戻る．これと同様に，筋肉が収縮していない時には昆虫の関節は所定の位置に戻ると考えられている．昆虫のように小さな体をもつ場合，この弾性が関節の運動に大きく影響するようだ（詳細は第6章で説明する）．

4.8 コオロギの触角による行動〜触って確かめる〜

最後に，脚と同様に多彩に動く触角（アンテナ）を使った行動を紹介しよう．触角は昆虫の頭部にある重要な感覚器官の1つであり，種によって異なる形をしている．コオロギやゴキブリなどは前方に長く伸びた毛のような触角をもち，この触角を使って周りの物体を触るような行動を見せる[13]．私が触角の研究にかかわったのは，もとは九州大学の同僚で今は長崎大学にいる岡田二郎氏の影響によるものだった．岡田氏はゴキブリやコオロギの触角行動の研究を行っており，同僚というよりは偉大な先輩として学ぶところが多かった．今でも，その神業のような実験技術は鮮明に覚えている．昆虫の触角行動の詳細に関しては，岡田氏が書かれた総説[13]をご覧いただきたい．

昆虫の触角には嗅覚や味覚や接触感覚などの受容器があるため，触角を使って周りの物体を触る動作は，積極的に情報を得るための行為と考えられる．たとえば，コオロギはガラス棒を触角にあてられると，触角を自ら動かして繰り返しあてる動作を見せる．しかし，クモの脚を触角にあてられると，しばらく触角で触った後で逃げ出すことが多くなる[14]．つまり，我々が手触りだけでそれが木なのか石なのかなどがわかるように，コオロギは触角で触った際に得られる感覚に基づいて物体の識別ができるらしい．手触りで物体の表面の細かい形を知るには，手の動きが重要である．たとえば，表面のザラつきはただ手を置くだけではわかりにくく，手を前後や左右に動かしたほうがはっきりわかる．コオロギも触角を動かしながら物体にあてることで，表面の細かい形を知るのかもしれない．

触角を繰り返し物体にあてる動作は，物体の位置やおおまかな形状を知るのにも役立つと考えられる[13]．急な停電によって周囲が真っ暗になった状況を想像してほしい．とりあえず手をあちらこちらに伸ばして，とにかく何か物に触ろうとするはずだ．そして，運よく何かに手があたったら，いろんな方向から手をあててそれが何かを確認しようとするだろう．夜行性のコオロギも，同様の行動をしているのかもしれない．

このように，触角は視覚が役に立たないような状況で周囲の構造を知るのに役立つが，視覚情報が得られるならそれを利用するに越したことはない．実際，コオロギやゴキブリは視覚で検出した物体に触角を向けることが古くから報告されており，それは触角（アンテナ）指示行動と呼ばれている[15]．コオロギの場合，右側に見える物体に対しては，右側の触角を向けて静止させ（図 4.10a），左側の物体には左の触角を向ける．正面にある物体には，左右の触角の両方を前方に向けて静止させる．ゴキブリも触角を物体のほうに向けて動かすが，コオロギのように触角を静止させることは少ないようだ．

この視覚による触角指示行動は，捕食者から逃げる時などに役立つと考えられる．たとえば雄のコオロギの場合，近くに何かいるからといってやたらに逃げるのは得策でない．近くの物体は同種の雌

（a）物が接近した時のコオロギの反応

右側に現れた物体に，右の触角を向ける

（b）右の触角に物があたった時のゴキブリの逃げる方向

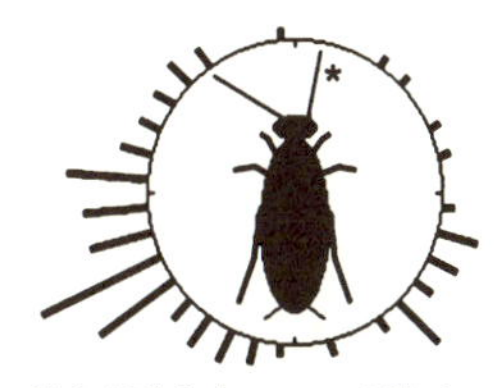

触角が前を向いている時は左右どちらにも逃げる

触角が右を向いている時はもっぱら左に逃げる

図 4.10　コオロギの触角指示行動とゴキブリの逃避行動
a は文献 17 を，b は文献 16 を改変引用.

コオロギかもしれないので，逃げてばかりいては繁殖の機会を失うことになる．そこで，何か物体を視覚で検出すると，それに触角を向けて触ることでクモなどの捕食者なのかどうかを知るようだ．また，触角の向きは逃げる方向の決定に影響することがゴキブリで報告されている[16]．たとえば，右の触角が右真横を向いている時に，その触角を触って刺激するとゴキブリは左方向に逃げることが多くなる（図 4.10b）．つまり，刺激された触角が向いているほうとは逆方向に逃げる．なので，触角指示行動によって触角を捕食者のほうに向けていれば，捕食者とは反対方向に逃げることにつながる．

コオロギの場合，視覚による触角指示行動を引き起こすには物体の動きが重要と考えられていた．しかし，ひょんなことから研究を行った結果，明るさの変化が重要であることがわかっている[17]．私は，接近する物体に対してバッタやカマキリが行う防御行動の研究も行っている（詳細は第5章で述べる）．そのため，ある時さらに調べる対象を広げて，コオロギでも接近物体への反応を観察した．ところが期待に反して，物体が衝突ギリギリまで近づいてもコオロギはほとんど反応しないように見えた．何も反応しないはずはないと思いビデオをよく見たところ，触角が物体のほうへ動いているのを発見したわけだ．

この行動は当然，接近の動き刺激によって引き起こされると考えられた．しかし，さまざまな視覚刺激を提示して調べてみると，物体の接近に伴う明るさの変化だけで触角指示行動が引き起こされることがわかった．通常，物体がすぐ目の前に近づくと光が遮られて暗くなる．そのような刺激に対して触角を向けるようだ．この結果は（物体の動き刺激で引き起こされるという）従来の説とは異なったため，私自身が戸惑っただけでなく，論文として発表する際にいろいろな批判を受けた．これは決して天が動くか地が動くかというような大きな話ではなく，コオロギがどんな刺激に応答して触角を動かすか，という非常に限定された話だ．それにもかかわらず，従来の説を否定するのは簡単ではなかった．

4.9 感覚運動変換の研究における昆虫の利点

目標に向けて運動を調整する例として，前章ではさまざまな視覚定位行動を，そしてこの章ではカマキリの捕獲，バッタの引っかき，コオロギの触角指示などの行動を紹介した．これらの例ではすべて，感覚の情報をもとに適切な運動指令を作り出す処理，すなわち感覚運動変換が行われている．それぞれの例には，研究する上で独特の利点がある．たとえば，カマキリの捕獲行動は複数の関節と多数の筋肉がかかわる複雑な仕組みで成り立っており，ヒトやサルが物をつかむ行動に似ている．そのため，カマキリを研究することで，つかむ行動の一般的な仕組みがわかるかもしれない．一方，コオロギの触角指示行動の場合，かかわる筋肉はわずか7個である．そのため，制御の仕組みはカマキリよりも単純で調べやすいと予想される．それぞれの利点を生かすことで，感覚運動変換の研究が進むことを期待している．

引用文献

1) Yamawaki, Y., Toh, Y. (2003) Response properties of visual interneurons to motion stimuli in the praying mantis, *Tenodera aridifolia*. *Zool. Sci.*, **20**: 819–832

2) Nordström, K., O'Carroll, D. C. (2009) Feature detection and the hypercomplex property in insects. *Trends Neurosci.*, **32**: 383–391

3) Gozalez-Bellido, P. T., Peng, H., Yang, J., Georgopoulos, A. P., Olberg, R. M. (2013) Eight pairs of descending visual neurons in the dragonfly give wing motor centers accurate population vector of prey direction. *Proc. Nat. Acad. Sci. USA.*, **110**: 696–701

4) Liske, E. (1989) Neck hair plate sensilla of the praying mantis: central projections of the afferent neurones and their physiological responses to imposed head movement in the yaw plane. *J. Insect Physiol.*, **35**: 677–687

5) Mittelstaedt, H. (1957) Prey capture in mantids. In: Scheer, B. (ed), *Recent Advances in Invertebrate Physiology*. 51–71, University of Oregon Publications

6) Rossel, S. (1986) Binocular spatial localization in the praying mantis. *J. Exp. Biol.*, **120**: 265–281

7) Copeland, J., Carlson, A. D. (1977) Prey capture in mantids: prothoracic tibial flexion reflex. *J. Insect Physiol.*, **23**: 1151–1156

8) Corrette B. J. (1990) Prey capture in the praying mantis *Tenodera*

aridifolia sinensis: coordination of the capture sequence and strike movements. *J. Exp. Biol.*, **148**: 147-180

9) Berkowitz, A., Laurent, G. (1996) Local control of leg movements and motor patterns during grooming in locusts. *J. Neurosci.*, **16**: 8067-8078

10) Matheson, T. (1997) Hindleg targeting during scratching in the locust. *J. Exp. Biol.*, **200**: 93-100

11) Dürr, V., Matheson, T. (2003) Graded limb targeting in an insect is caused by the shift of a single movement pattern. *J. Neurophysiol.*, **90**: 1754-1765

12) Page, K. L., Zakotnik, J., Dürr, V., Matheson, D. (2008) Motor control of aimed limb movements in an insect. *J. Neurophysiol.*, **99**: 484-499

13) 岡田二郎 (2002) 昆虫の触覚行動. 比較生理生化学, **19**: 187-197

14) Okada, J., Akamine, S. (2012) Behavioral response to antennal tactile stimulation in the field cricket *Gryllus bimaculatus*. *J. Comp. Physiol. A*, **198**: 557-565

15) 馬場欣哉・塚田 章 (2004) ゴキブリを中心とした昆虫のアンテナ指示行動. 比較生理生化学, **21**: 142-153

16) Ye, S., Leung, V., Khan, A., Baba, Y., Comer, C. (2003) The antennal system and cockroach evasive behavior. I. Roles for visual and mechanosensory cues in the response. *J. Comp. Physiol. A*, **189**: 89-96

17) Yamawaki, Y., Ishibashi, W. (2014) Antennal pointing at a looming object in the cricket *Acheta domesticus*. *J. Insect Physiol.*, **60**: 80-91

運動のタイミングの制御

5.1 タイミングの重要性

何事もタイミングは大事だ．たとえば，人に頼みごとをするなら，相手の機嫌がよい時を狙ったほうがいい．食事をしながら会談するのは，誰でも空腹では機嫌が悪くなりがちだからだ．動物の逃避行動でも，当然タイミングは重要である．捕食者が自分の近くにいるのを発見した時，すぐ逃げ出すのが最善とは限らない．なぜなら，まだ捕食者が自分に気づいていない可能性があるからだ．その場合，自分が動き出すことで捕食者に気づかれてしまう危険がある．下手に動かずにじっとしていれば，気づかずに通りすぎてくれるかもしれない．たとえ捕食者がすでに自分に気づいていても，すぐに逃げ出さないほうがよい場合もある．相手のほうが圧倒的に高い運動能力をもつ時は，先に逃げ出しても追いかけられて簡単に捕まってしまう．ドッジボールをやった時を思い出してほしい．ボールが投げられる前に逃げてもあまり意味がなく，飛んできたボールがあたる直前に避けたほうが，うまくいったはずだ．同様に，捕食者が自分を捕まえようとする直前にその攻撃を避ける，という作戦が時には有効である．

実際に，バッタはそのような回避戦術をとるようだ．バッタは，空中では鳥に捕食され，地上ではカエルやトカゲなどさまざまな動物に捕食される．空を飛んでいる最中のバッタは，接近してきた鳥がバッタを捕まえようとする寸前に羽ばたきを止めて滑空することで，攻撃を避けると考えられている[1)]．なぜ滑空することが避けることにつながるのか疑問に思った方もいるかもしれない．飛翔中に急に羽ばたきをやめると，浮く力が急になくなるので高度を下げることになる．そのため，鳥がバッタを捕獲しようとする直前にストンと落ちれば，攻撃を避けることができる．鳥による進路の予想を裏切るのが大事なのだ．

5.2 衝突を避ける方法～(1)残り時間を知る～

バッタはどうやって鳥の接近のタイミングを測っているのだろうか？　実は，多くの動物において衝突に対する行動が調べられており，衝突のタイミングを知らせるニューロンが報告されている．ここでは概要を説明するが，詳細は九州工業大学の中川秀樹氏による総説をご覧いただきたい[2)]．中川氏はカエルの行動の仕組みを調べている研究者であり，私と興味の方向性が似ているため，いつも有益な助言をいただくありがたい存在である．

衝突に対処する行動のタイミングを決めるアルゴリズムは複数知られており，代表的なものは2つある（表5.1）．1つ目は，衝突までの時間がある値以下になると行動を開始するもので，カツオドリが海面にダイビングする行動や，ハエが着地する行動などで報告されている．カツオドリは，上空で魚を見つけると急降下して海中に

表 5.1　衝突に対する行動のタイミングを決める２つのアルゴリズム
文献 2 を参考に作成.

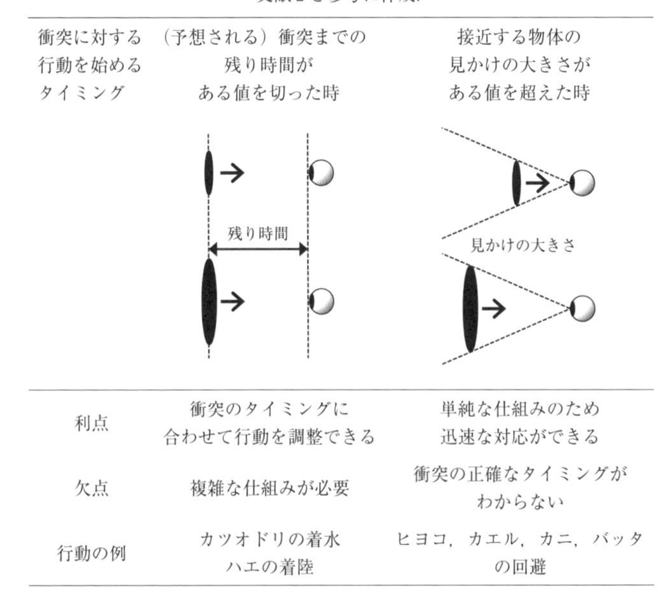

衝突に対する行動を始めるタイミング	（予想される）衝突までの残り時間がある値を切った時	接近する物体の見かけの大きさがある値を超えた時
利点	衝突のタイミングに合わせて行動を調整できる	単純な仕組みのため迅速な対応ができる
欠点	複雑な仕組みが必要	衝突の正確なタイミングがわからない
行動の例	カツオドリの着水 ハエの着陸	ヒヨコ，カエル，カニ，バッタの回避

飛び込み捕獲する．着水間際までは方向を調整するために翼を広げているが，着水時には衝撃を和らげるために翼を閉じる．この閉じるタイミングが，衝突までの残り時間で決まると考えられている．

では，動物は衝突までの残り時間をどうやって知っているのだろうか？　実は，物体が接近する際に見せる視覚刺激の特性を利用すれば，衝突までの時間を推定できることがわかっている．物体に衝突した経験をもっている人はそういないかもしれないが，ドッジボールで顔面にあてられたことは 1 回ぐらいあるのではないだろうか．その際，あたった瞬間にボールが目の前をふさぐように大きくなって見えたはずだ．物体が近づくにつれ大きく見えるのは当たり前だが，その増加のしかたは距離によって異なる（図 5.1a）．物

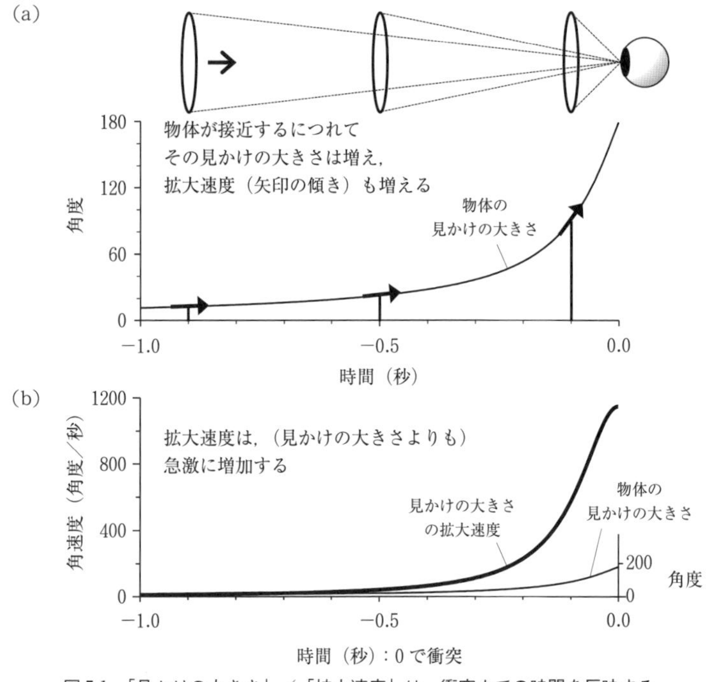

図 5.1 「見かけの大きさ」／「拡大速度」は，衝突までの時間を反映する

体が遠くにある時，その見かけの大きさはゆっくりと少しずつしか大きくならないが，近くにきてぶつかる直前になると急激に大きくなる（このような刺激はルーミングと呼ばれる）．つまり，接近するにつれて見かけの大きさが拡大するだけでなく，その拡大する速度も大きくなる．そして，接近する速度が一定の時，物体の「見かけの大きさ」／「拡大速度」の値は，衝突までの残り時間を反映することがわかっている．見かけの大きさと拡大速度のどちらも接近につれて急激に増加するが，増加のしかたは後者のほうが大きい（図 5.1b）．そのため，物体が近づくにつれて「見かけの大きさ」／

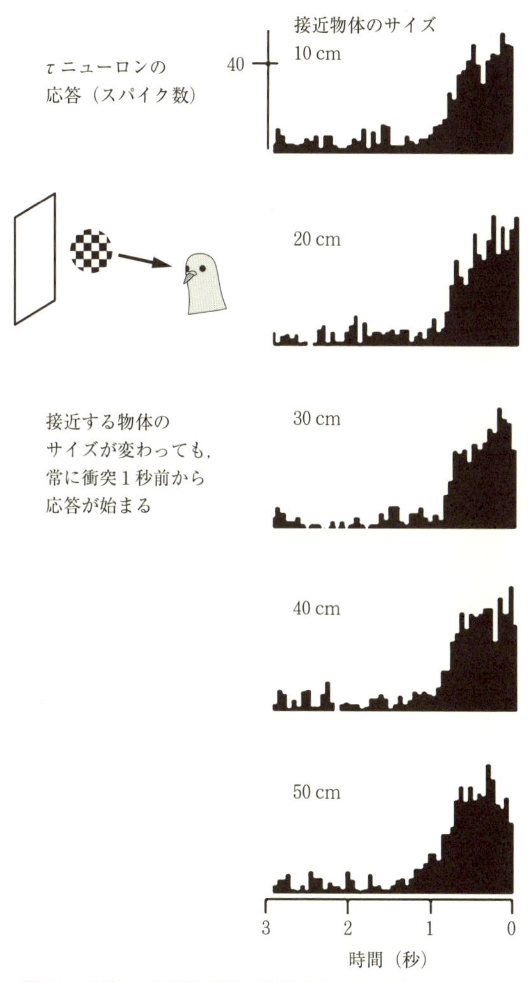

図 5.2　衝突までの残り時間に応答する τ（タウ）ニューロン

文献 3 を改変引用.

「拡大速度」の値は減少し，衝突間際には 0 に近づく．これが，ちょうど衝突までの残り時間に比例するのである（厳密には，物体が十分遠くにある時に成り立つ）．

実際に衝突までの残り時間に応答するニューロンは，フロストの研究グループがハトの脳で見つけており，τ ニューロンと呼ばれる[3)]（τ はギリシャ文字でタウと読む）．このニューロンは，接近する物体のサイズをいろいろ変えても，衝突前の一定のタイミング（たとえば衝突 1 秒前）に強く応答し始める（図 5.2）．また，物体の接近速度をいろいろ変えた場合でも，やはり衝突前の一定のタイミングで応答を始める．応答のタイミングが物体のサイズや速度によって変わらないことから，このニューロンは衝突までの残り時間を何らかの方法で予測しているとしか考えられない．フロストのグループは，τ ニューロンが衝突までの残り時間を計算する方法のモデル（仮説）を提唱しているが，実際の仕組みの詳細は明らかになっていない．

5.3 衝突を避ける方法～(2)見かけの大きさを利用する～

衝突に対処するタイミングを決めるアルゴリズムの 2 つ目は，もう少し単純である．物体の見かけの大きさがある値を超えたら行動を開始するもので，カエルやバッタなどさまざまな動物で報告されている．たとえば，中川氏の研究グループは，接近刺激に対するウシガエルの回避行動を調べた研究を報告している[4)]．この実験では，コンピュータのディスプレイをカエルの真上に設置して，正方形が遠くから近づく様子を真似た刺激を見せている（図 5.3）．そして，衝突を避けるためにジャンプした時の正方形のサイズを調べた結果，物体の見かけの大きさが約 20°に達した時に回避行動が起きると結論している．また，ロバートソンとヨハンソンは，飛行中の

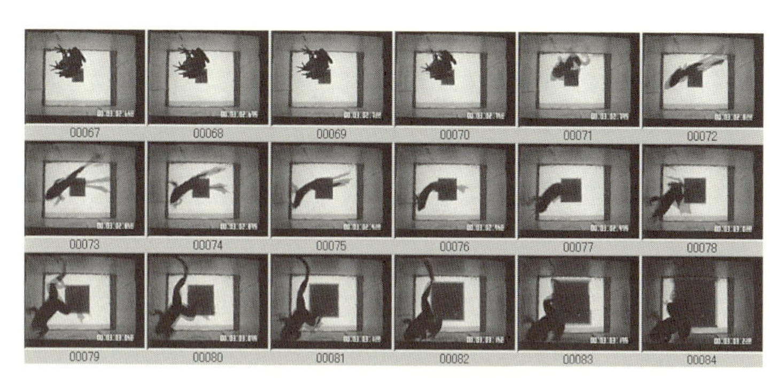

図 5.3　ウシガエルの衝突回避行動

正方形が接近する様子を真似て拡大させると，カエルはジャンプして避けようとする．図は中川秀樹氏のご厚意による．詳細は文献 2 を参照．

バッタの回避行動を調べている[5)]．群れて飛ぶバッタたちは，近くの他のバッタに衝突しないようにうまく避けて飛ぶ．この回避行動では，左右の翅の位置や腹部の向きなどを調整することで，飛行の軌道を変える．さまざまなサイズの物体をいろいろな速さでバッタに近づけて調べた結果，接近物体の見かけの大きさが約 10°を超えた時にこの回避行動が開始されるようだ．

衝突に対する行動のタイミングを決めるのに，なぜ 2 つのやり方があるのだろうか？　中川氏によれば，それは自分が移動して物体に衝突（着地）する場合と，自分は動かず物体が接近してきて衝突する場合の違いを反映している[2)]．前者では接近のしかたを自分で決めることができるので，衝突までの残り時間を計算に入れて行動を制御しているようだ．一方，後者では，接近のしかたは相手次第で自分では決められない．この場合，衝突までの正確な時間はそれほど重要ではなく，ともかく衝突直前であることを検出できればよい．そこで，物体の見かけの大きさのみに注目する単純な仕組み使って迅速に応答すると考えられる．

5.4 バッタの衝突検出ニューロン

物体の見かけの大きさを利用する場合，物体が接近したために大きく見える場合とそうでない場合（たとえば，単に大きな物体が横切った場合）を区別する必要がある．バッタでの例を紹介しながら，その仕組みについて解説しよう．バッタでは，LGMD（lobula giant movement detector：視小葉巨大運動検出ニューロン）とDCMD（descending contralateral movement detector：下降性反対側運動検出ニューロン）呼ばれるニューロンが見つかっており，この2つは衝突刺激に最も強く応答することがわかっている[6]．LGMDは脳内にあり（図5.4a），複眼から受けとった視覚情報をも

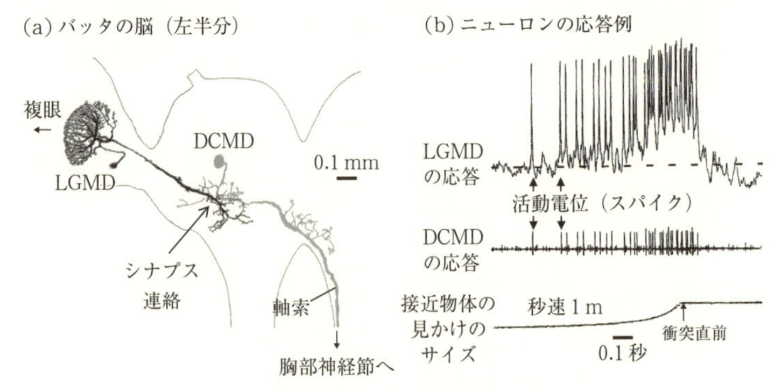

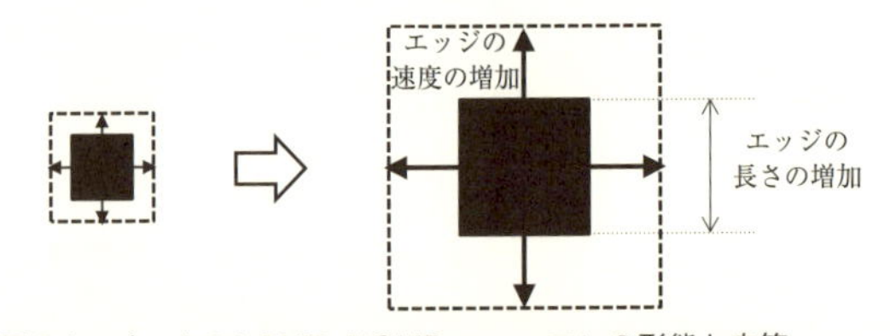

図5.4　バッタのLGMD, DCMDニューロンの形態と応答
aは文献12を，bは文献9を改変引用．

とに衝突を検出して，DCMD に興奮を伝える．DCMD は脳から胸部神経節へと細胞の一部（軸索）を伸ばして情報を伝える役割をもつ．胸部神経節には翅や脚の動きを制御する運動ニューロンがあり，DCMD はこれらの運動ニューロンの一部に直接連絡している．

当初，LGMD や DCMD は小さな物体の運動を検出して応答し，背景全体が動くような刺激（オプティックフロー）で応答が抑制されると考えられていた．しかし，リンドとシモンズがさまざまな動き刺激を見せて DCMD の応答を調べたところ，接近刺激に最も強く応答することを発見した（図 5.4b）[7]．ここで，ニューロンの興奮や抑制について少し説明しておこう．ニューロンに限らず細胞は膜で包まれており，膜の内側は外側よりも電位が低い状態になっている（膜の内側と外側を電線でつなぐと電気が流れると思ってもらったらよい）．ニューロンの応答はその電位の変化でわかり，興奮すると電位が高いほうへ変わり，抑制されると電位が低いほうに変わる．特に電位が高くなると活動電位と呼ばれる現象が起き，電位が急激に高くなった後，またすぐにもとに戻る（図 5.4b の矢印で示した部分）．その変化の形から，活動電位はスパイクとも呼ばれる．ニューロンが興奮するほどスパイクが頻繁に起きるので，スパイクの頻度が興奮の程度の指標になる．LGMD や DCMD の場合，物体が接近してその見かけが大きくなるにつれて，スパイクの頻度が上昇していく．リンドとシモンズは，そのようなスパイク頻度の上昇を最も強く引き起こすのは接近刺激であることを発見した．

少し余談になるが，ニューロンがそもそも何に反応するかわからない場合，与える刺激をどうやって決めたらよいか困ることになる．人間の想像力には限りがあるし，考えうるすべての刺激のパターンを用意するのは不可能だ．そこで 1 つの解決方法として，ランダムなノイズを見せることがある．ノイズにはいろいろな刺激パターンが含まれるので，後で解析することでニューロンがどんなパターンの刺激に反応したかを知ることができる．そこで，リンドとシモンズはノイズの代わりにスターウォーズのビデオをバッタに見せて，DCMDの応答を記録した．後で応答の記録を丹念に調べたところ，物体が接近する刺激に応答する傾向が見つかった，というわけだ．彼らはこの仕事により，イグノーベル賞を受賞している．

もちろん研究はここで終わりではなく，次に彼らは接近刺激のさまざまなパラメータを変えることで，どんな特徴がDCMDやLGMDの応答を引き起こすのかを詳細に調べている[8),9)]．たとえば，DCMDは白い背景で黒い正方形が接近する刺激に強く応答するだけでなく，反対に黒背景で白正方形が接近する刺激にも応答する．これらの刺激では正方形が拡大する動きだけでなく明るさも変化しているので，どちらが重要なのかわからない．そこで彼らは，接近するのと同じサイズの正方形が白から黒（や黒から白）に明るさを変える刺激への応答を調べた．慎重を期して，接近によって暗くなる場合とぴったり同じように明るさを変えても，DCMDの応答をほとんど引き起こさないことがわかった．つまり，明るさの変化ではなく動き刺激が重要なのである．

では，動き刺激がたくさんあればよいのかというと，そういうわけではない．縞模様の動きのような視野全体を覆う動き刺激はDCMDの応答を抑制することが，すでにわかっていた．そこで，リンドとシモンズは黒と白の境界線（エッジ）が動く刺激や，縦長や横長の棒が動く刺激を提示するなどして，その効果を調べた．その結果，DCMDの強い応答を引き起こすには，(1) 動くエッジが増加することと，(2) エッジが加速することが重要と結論した（図5.4c)．通常，物体が接近する時はその見かけの大きさが増加するので当然輪郭であるエッジも増える．また，接近につれてエッジの動きが加速する（拡大速度が増加する）ことは初めに説明した．この2点は見事に接近刺激の特徴を捉えており，DCMDはそれを利用しているようだ．正方形が一定の速度で拡大する刺激は，この2点のうち一方の条件のみを満たしているため，DCMDの応答をある程度引き起こすが接近刺激ほど効果的ではない．

さらに，リンドとシモンズはLGMDが衝突を検出する仕組みを想定し，コンピュータ上のシミュレーションによってその有効性を確かめている[10]．神経機構を調べる研究において，想定した仕組みが本当にうまくいくかどうかを確かめるために，シミュレーションが時折利用される．シミュレーションでうまくいかなかった場合は，何が足りなかったのかを考えることで，仕組みを修正して改良するヒントとして生かされる．シミュレーションでうまくいくことが証明されても，実際に生き物がその仕組みを採用しているかどうかは別の話だが，少なくとも可能性の1つとして認めてもよいことになる．詳細は割愛するが，結果としてリンドとシモンズが考案した仕組みは衝突刺激にうまく応答したので，LGMDが実際にその仕組みを使っている可能性がある．彼らはその仕組みを衝突検出センサーの開発に応用する試みも行っている．

5.5 衝突を検出するさまざまな方法

しかし，LGMDやDCMDが接近刺激に応答する仕組みに関しては，別の説もあることを述べておかなければならない．ガビアニのグループは，DCMDの応答は接近物体の（見かけの）拡大速度に比例し，見かけの大きさの指数関数に反比例すると主張している[11]．この説によれば，物体が接近するにつれて拡大速度が増加することからDCMDの応答は増加する．しかし，途中で見かけの大きさの指数関数がそれを上回るため減少に転じる．そのため，

DCMD の応答は衝突の直前にピークに達して，その後減少することになる．

これ以上の詳細な説明はこの本の目的を超えてしまうので省略するが，リンドおよびシモンズたちとガビアニたちの主張の大きな違いは，DCMD の応答は物体の接近中に増加し続けるか，それとも接近の途中でピークに達して減少するか，という点にある．バッタの捕食者である鳥の接近のような刺激の場合，接近が続く間は DCMD の応答も増加し続ける，というのがリンドとシモンズたちの主張だ[12)]．もちろん，実際の DCMD の応答の記録にはピークが見られるが，それは物体の接近を途中で止めているからと説明できる．実験では本当に物体がバッタに衝突するまで近づけることは不可能で，たとえばバッタから 8 cm の距離で接近を停止させている．そのため，DCMD の応答は本来増加し続けるのだが，接近の停止により減少すると解釈できる．さらに，ガビアニたちの実験で見られる応答のピークは，刺激を提示する間隔が短すぎるために DCMD の応答が「慣れ」を起こして弱くなった結果である可能性を，リンドとシモンズたちは指摘している．

「慣れ」はほぼどんなニューロンにも起こる現象で，我々が日常的に体験する慣れと意味するところは変わらない．たとえば，いきなり雷が落ちて大きな音がすると誰でも驚くが，雷が何度も続いて起こるとあまり驚かなくなる．ニューロンも，何度も繰り返して似たような刺激を受けとると，慣れてあまり反応しなくなる．実験では「慣れ」が起きないように注意することが重要だが，それがなかなか難しい．理想的には刺激を見せる間隔をなるべく長くとりたいが，1 回の実験で刺激を 20 回や 30 回以上見せることはよくあるので，あまりに間隔が長すぎると実験が長引いて 1 日で終わらなくなる．なので，慣れがほとんど起こらない適度な間隔を選ぶのが，現実的な解決策となる．DCMDの場合，刺激の提示間隔が短すぎると接近の途中で応答が減少するが，提示間隔が十分長ければ接近の間に応答が増加し続けることをリンドとシモンズたちは確認している[13)]．

しかし一方で，鳥より大きい物体がゆっくり接近する場合，DCMDの応答は接近中にピークに達してそれ以後減少するようだ．また，ガビアニたちが提唱したのと似た仕組みで接近刺激に応答するニューロンがハトの脳で発見されており，フロストたちによってη（イータ）ニューロンと名づけられている[3)]．ハトにそのようなニューロンがあるのなら，バッタにあってもおかしくはない．現在，リンドおよびシモンズたちとガビアニたちの双方は，LGMDやDCMDの応答の仕組みを明らかにすべく，さらに研究を進めている．

5.6 イギリスへの留学

ここで少々脱線して，私がリンドとシモンズ寄りである理由を説明しておいたほうがよいかもしれない．リンドとシモンズは私にとって長い付き合いの友人であり，世話になった恩人でもある．私はカマキリの餌認知や視覚定位を行動観察によって調べた研究で博士の学位をとった後，藤義博先生の研究室で運よく職についた．そのため，職についた当時は神経生理学の手法を全く知らなかった．カマキリの行動のもととなる神経機構を知りたい，という漠然とした思いはあったものの，何についてどこから手をつけたらよいのか皆目わからない状態だったのである（私は研究の進め方をろくに教わることなく研究者になってしまったという，神経生理学の分野では稀有な存在である）．そんな中，リンドとシモンズの研究室に滞在する機会に恵まれ，後で紹介するバッタのDCMDの研究を手伝うことになった．1年足らずの滞在であったが，そこで過ごした濃密な時間は私の人生に大きな影響を与えたと思う．

旅行は好きだが引っ越しは嫌いな私は，常に安定した環境を望む性分から，留学などは全く考えていなかった．妻と一緒でなかったら，行くのを躊躇していたかもしれない．行ってみたら案の定，言語や習慣の問題で苦労はしたものの，そこで得たものは一生の財産となった．1つは，研究の進め方を観察する機会を得たのが大きかったと思う．彼らの研究グループの一員となって，今後何を目的にどんな実験をすべきか議論したのは，今となってはよい思い出だ(当時は英語での議論が辛くてたまらなかったが)．さらに，図らずも実験技術に関して自信を得ることができた．私は，行動中のバッタからDCMDの応答を記録するために，電極を埋め込む手術のしかたを学んだのだが，やってみたら案外簡単だった．私にそれを教えてくれたのは当時の研究室のメンバーの1人だが，彼の実験成功率を私がすぐに上回ってしまい，そのことに関して彼がぼやいていた光景を覚えている．確か，俺が数ヶ月かけてとったデータをお前は数週間でとってしまったみたいな内容で，何と答えたらよいか返事に困った私は，英語がよくわからなかったふりをしてその場を乗り切った（何やら苦情をいわれているのだが，私が英語を理解しないので相手があきらめる，というパターンは実際に何度か起きていた．何かができないということも，たまには役に立つ)．手先が器用だとは自分では思っていなかったのだが，少なくとも全人類の平均よりは上のようだ．

5.7 バッタの衝突回避行動〜滑空とジャンプ〜

イギリスで私が手伝ったのは，地上にいるバッタの回避行動でのDCMDの役割を調べる研究だった．リンドとシモンズたちの研

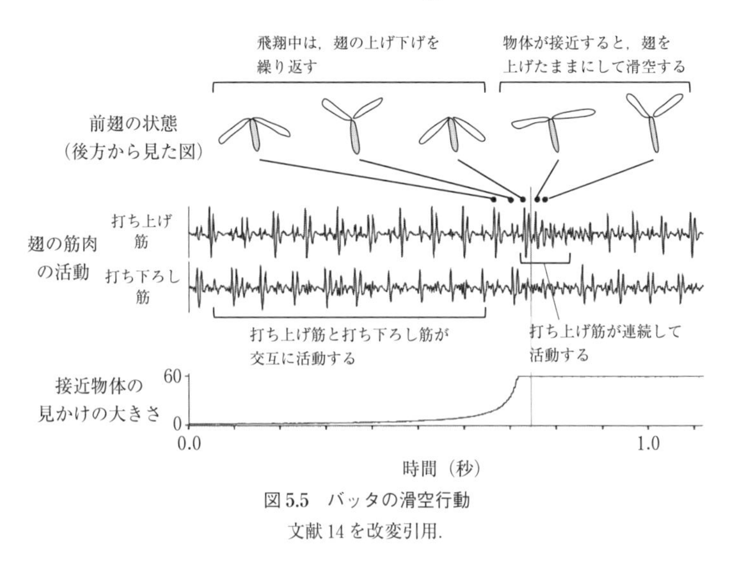

図 5.5　バッタの滑空行動
文献 14 を改変引用.

究によって，飛行中のバッタの回避行動に関してはすでに研究が進んでいた．冒頭で少し述べたが，飛行中のバッタは，物体が接近すると羽ばたきをやめて滑空行動をとることで衝突を回避する（図 5.5）．この滑空行動は，翅を打ち上げる筋肉が収縮し続けることで起きる[14]．リンドとシモンズたちは，飛行中のバッタから DCMD の応答を記録する実験を行い，DCMD が高い頻度でスパイクを発火すると滑空行動が起きやすいことを示した[15]．これらを含めたさまざまな実験結果から，DCMD の強い興奮が翅の打ち上げ筋を収縮させる運動ニューロンを興奮させ，翅が上がった状態が維持されて滑空行動が起きると彼らは結論している．しかし，実際に滑空が起きるかどうかは羽ばたきの周期が影響し，ちょうど翅を上げるタイミングで DCMD の興奮が起きると滑空が起きやすいようだ．

一方，地上での回避行動に関しては，その当時 DCMD の役割がよくわかっていなかった．地上ではバッタは接近刺激に対して逃避

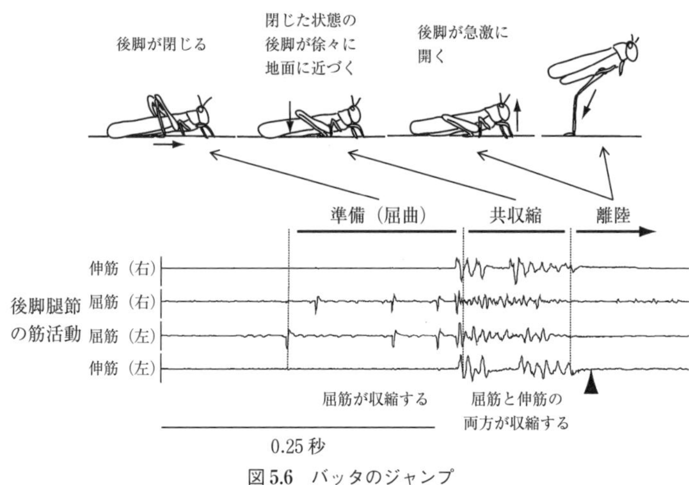

図 **5.6**　バッタのジャンプ

文献 16 を改変引用.

ジャンプを行う．このジャンプを引き起こす仕組みは滑空行動より複雑になる．それは，ジャンプ自体が少しだけ込み入った手順をとるからだ．バッタのジャンプは準備，共収縮，離陸の 3 つの段階からなる（図 5.6）[16]．まず準備として，後脚を曲げて揃えて水平に倒した状態にする．次の共収縮では，脚を伸ばす筋肉と曲げる筋肉を同時に収縮させる．この間，伸ばす力と曲げる力が同時に働くので後脚の関節は動かないが，その力で関節の一部のクチクラが変形しバネのように力を蓄える．最後の離陸では，曲げる筋肉が活動をやめることで溜めたエネルギーが一気に解放されて，脚の急激な伸展が引き起こされる．その結果，バッタの体は弓矢と同じ原理で急速に空中へ打ち出される．このようなエネルギーを蓄える機構により，筋肉だけでは不可能な加速度を生み出すことができるので，バッタは高く遠くへジャンプできる．しかし，力を蓄えるために余計に時間がかかるという欠点もある．

ジャンプが3つの段階からなるということは，それぞれの段階のタイミングを適切に決める仕組みが必要になる．リンドとシモンズのもとで，私はジャンプの準備タイミングの決定にDCMDの活動がどうかかわるかを調べる研究を手伝った．ジャンプの準備に注目した理由は，それがコンピュータのディスプレイに表示した視覚刺激のみで容易に引き起こすことができたからだ（その当時の予備実験では，視覚刺激のみでジャンプの離陸を引き起こすことは滅多にできなかった）．バッタの背中を固定して半分拘束した状態で接近刺激を見せると，物体の見かけの大きさがある一定の値に達した後にジャンプの準備を開始するのがわかった[17]．またその際のDCMDの応答を記録した結果，DCMDが高い頻度でスパイクを出すタイミングでジャンプ準備も起きることがわかった．しかし，DCMDの軸索を切断する手術を行ってもジャンプの準備が起きたので，DCMDの活動は必要不可欠ではないという予想外の結果も得られた．この時，手術後にはジャンプ準備のタイミングがバラバラになったことから，DCMDはジャンプ準備を「行うかどうか」よりは「いつ行うか」にかかわっていると考えられた．

一方，ガビアニたちはジャンプしている最中にDCMDの応答を記録する実験を行い，ジャンプの準備，共収縮，離陸の3つのタイミングすべてがDCMDの活動によって決まるという説を提唱している[18]．DCMDのスパイク頻度が増えることでジャンプの準備が起こり，スパイク頻度がある一定の値を超えると共収縮が開始され，スパイク頻度がピークを超えると離陸が起きる，という説だ．そしてさまざまな実験結果から，彼らもDCMDはジャンプを引き起こすのに必要不可欠ではなく，タイミングの制御にかかわると結論している．

ガビアニのグループが視覚刺激だけでジャンプを引き起こせたのには，いくつかの工夫があった．まず室温を 27〜29℃ の高めにし，バッタの活動性を高めている．また，視覚刺激を提示するディスプレイの前にトンネルとジャンプ台を用意して，バッタがトンネルを通るとディスプレイ前のジャンプ台に出るように設置している．確かに，棒などの上を歩いて先端に達した行き止まり状態のバッタは，ちょっとした刺激でジャンプするように思う．そのような状態のバッタは（接近刺激でなく）明滅刺激でもジャンプしてしまうのではないか，という疑問が湧かなくもない．しかし，彼らのデータでは DCMD の応答のタイミングがジャンプのタイミングに一致しているので，確かに接近刺激への応答の結果としてジャンプしたのだろう．

5.8 カマキリの衝突検出ニューロン

イギリスでバッタの仕事をして帰国した後は，せっかくなのでリンドとシモンズのもとで学んだことをカマキリで試したくなった．その研究は二番煎じなので面白みに欠けるかもしれないが，神経生理学の分野において他人に胸を張って見せることができる初の仕事となった．その成果を最後に紹介しよう．

まず確かめたのは，カマキリに DCMD のような衝突検出ニューロンがあるかどうかで，案の定すぐにその存在を確認することができた（図 5.7a）．私が見つけたカマキリの衝突検出ニューロンは，DCMD とほとんど同じ性質を見せたが，一点だけ大きく違っていた[19]．その違いを説明するには，DCMD をもう少し詳しく説明する必要がある．DCMD の C は contralateral で，「反対側」を意味する．これは DCMD が，細胞体や樹状突起の反対側に軸索を伸ばすことに由来する．ニューロンから伸びる枝状の突起の中で，樹状

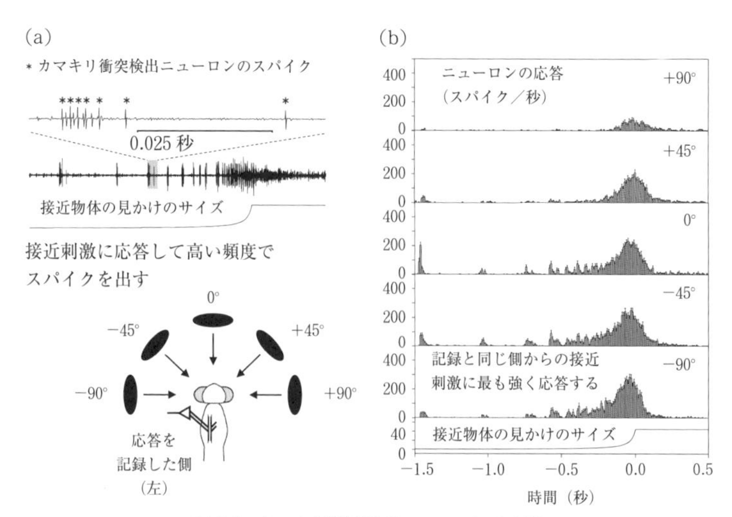

図 5.7 カマキリ衝突検出ニューロンの応答
文献 19 を改変引用.

突起は情報を受けとる部分であり,軸索は情報を出力する部分である.DCMD は脳の中に左右一対存在し,たとえば左の DCMD は左側の複眼から樹状突起で情報を受けとるが,軸索は右側に伸ばす(図 5.4a をもう一度見てほしい).このため,DCMD の応答を記録するには,記録を行う軸索と反対側の複眼に接近刺激を提示する必要がある.ところが,私が見つけたカマキリ衝突検出ニューロンは,記録を行う軸索と同じ側の複眼に接近刺激を提示した時に最もよく応答した(図 5.7b).これは,情報を受けとる複眼と同じ側に軸索を伸ばしていることを意味する.

そこで過去の文献をもう一度よく調べてみると,軸索を同じ側に伸ばす DIMD(descending ipsilateral movement detector:下降性同側運動検出ニューロン)と呼ばれるニューロンがバッタなどで報告されていた[20].DIMD が衝突検出ニューロンである証拠はなかったが，その性質はDCMDとほぼ同じと考えられていた．つまり，私がカマキリで見つけたのはDIMDと似たニューロンである可能性が高い．バッタにおいてDCMDがDIMDよりも注目されてきたのは，DCMDのほうが応答の記録が簡単だったからだ．記録の容易さはニューロンのサイズや位置によって決まるので，たまたま，カマキリではDIMDのほうが簡単なのかもしれない．ただの二番煎じと思われた研究も，やってみれば少し意外な結果をもたらした．

5.9 カマキリの衝突に対する防御行動

次に私が行ったのは，カマキリ衝突検出ニューロンの役割を調べることだった．カマキリが物体の接近に対してどんな反応を示すのかは全くわかっていなかったため，実際に観察することにした（これは，神経行動学と呼ばれる分野での通常の研究の進め方とは，順番が逆である．普通は，まず行動の性質を調べ，それから行動に関係するニューロンを探す）．それには，物体を実際に動かして接近させる装置が必要だった．ここで，当時の上司である藤義博先生から学んだことが役に立った．世の中の大抵の物は自作できる，という信念である．藤先生は研究のためなら何でも作り，さらには研究室の壁に穴を空けたり，ベランダでミツバチを飼ったりすることに全く躊躇しなかった（たまにミツバチが室内に迷い込む光景は日常的で，誰も気に留めていなかった）．そんな様子を目の当たりにする前は，自分で大掛かりな実験装置を作れるとは思ってもいなかった．

試行錯誤し，モーターで発泡スチロールのボールを動かす装置を完成させた私は，早速カマキリの応答を観察した．しかし予想に反して，カマキリは接近するボールを避けるような行動をほとんどし

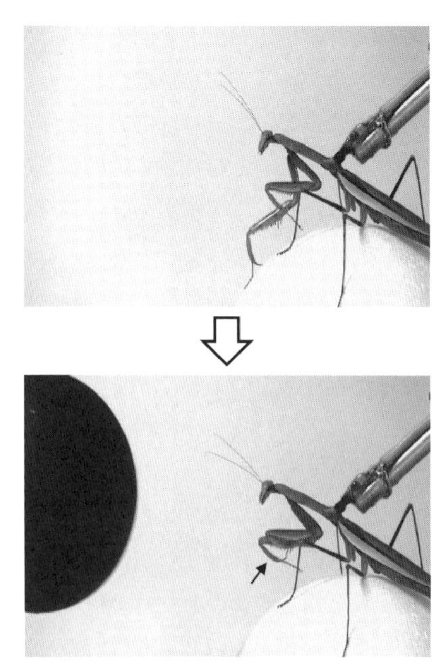

図 5.8　接近物体に対するカマキリの防御行動
ボールの接近に対し，前肢を曲げる防御行動を見せる．文献 21 を改変引用．

なかった．ボールがカマキリの手前で停止するように作ったつもりだったが，調整が不十分なためにボールがカマキリに衝突することさえあった．生き物としてこれで大丈夫なのか？　と疑問に思ったものだ．しかし，行動をよく見てみると，ボールの接近に対して，カマキリは前肢を曲げて胸の下に引っ込める動作を行うことがわかった（図 5.8）[21]．カマキリの成虫，特に雌は体が重くあまり機敏に動けない．そのため，咄嗟に行うことが可能な前肢の動きだけで体を守るのかもしれない．また，この前肢を引き込む姿勢から捕獲行動を行うこともできるので，反撃のための体勢という可能性もある．

このカマキリの防御行動は，バッタの回避行動と同じように，接近物体の見かけの大きさがある一定の値に達した時に起きることがわかった[22]．また，衝突検出ニューロンの応答と同じように，急激に拡大する動き刺激によって引き起こされ，明るさの変化では引き起こされなかった．そのため，衝突検出ニューロンがこの防御行動に関係する可能性は，かなり高いと期待された．そこで次に私が行ったのは，この2つの反応の同時観察だ．もし衝突検出ニューロンが防御行動を引き起こすのなら，衝突検出ニューロンが強く応答した時にのみ防御行動が起き，その応答のタイミングも一致するはずだ．これを確かめるために，バッタで使用した手法をカマキリに応用した．

一般に，行動中の動物からニューロンの応答を記録することは簡単ではない．ニューロンから応答をとり続けるには，電極がニューロンに対して同じ位置を保つ必要があり，動物が動いてしまうと電極の位置がずれてしまうことが多い．この問題に対処するためにリンドとシモンズが行ったのは，DCMD の軸索に密着した状態で埋め込むことができる電極を自作することだった．脳と胸部神経節をつなぐ神経繊維の太い束は縦連合と呼ばれ，その中を DCMD の軸索も通っている．この縦連合に電極が接した形で保持されれば，安定して DCMD の応答をとることができる．こう書くと何やらすごい電極のようだが，実際は銀のワイヤを曲げてフックの形にして縦連合に引っ掛けているだけだ．そのようなシンプルな仕組みでうまく記録がとれることは，とても意外だった．

この方法で防御行動と衝突検出ニューロンの応答を同時に記録したところ，期待していた通り，ニューロンの強い応答が防御を引き起こすことを示唆する結果が得られた．たとえば，物体の接近を途中で止めると衝突検出ニューロンの応答が弱くなり，その時に

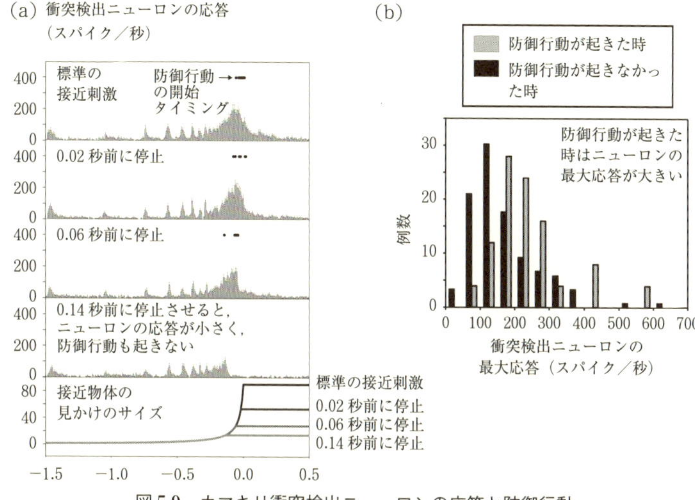

図 5.9　カマキリ衝突検出ニューロンの応答と防御行動
文献 22 を改変引用.

は防御行動も起きにくくなった（図 5.9a）[22]．また，防御が起きた時のニューロンの最大応答は，起きなかった時よりも強かった（図 5.9b）．さらに詳細に調べたところ，衝突検出ニューロンのスパイクの頻度が毎秒 150 回を超えるタイミングが，防御行動の開始タイミングを決める要因の 1 つと考えられた．ここで「要因の 1 つ」という書き方をしたのは，タイミングを決める唯一の要因ではないという意味である．つまり，他の未知の要因も防御行動の開始タイミングに影響を与えると考えられた．また，衝突検出ニューロンと防御行動の関係はあくまでも確率的であり，衝突検出ニューロンが強く応答すれば必ず防御行動が起きるわけではなかった．

5.10 行動の不思議

バッタでもカマキリでも，単一のニューロンが防御行動の開始を決めるわけではないようだ．考えてみればそれが当然かもしれない．多数のニューロンが防御行動の開始やタイミングの決定に関与していると考えられ，その仕組みの解明が今後の課題だ．行動実験をしていると，いつもと同じように実験しているのにカマキリが応答してくれない，ということはよくある．また同じ日に同じ刺激を見せても，反応したり反応しなかったりする．何が行動するかしないかを決めるのか？　これが，私の頭の中を常に占めている疑問なのである．

引用文献

1) Santer R. D., Rind F. C., Simmons P. J. (2012) Predator versus prey: locust looming detector neuron and behavioural responses to stimuli representing attacking bird predators. *PLoS One*, **7**: e50146
2) 中川秀樹 (2009) 動物はどうやって衝突をさけるのか？『動物の多様な生き方 5 さまざまな神経系をもつ動物達』（日本比較生理生化学会編），216–234，共立出版
3) Frost, B. J., Sun, H. (2004) The biological bases of time-to-collision computation. In: Hecht, H., Savelsbergh, G. J. P.(eds), *Time-to-Contact*, 13–37, Elsevier
4) Yamamoto K., Nakata M., Nakagawa H. (2003) Input and output characteristics of collision avoidance behavior in the frog *Rana catesbeiana*. *Brain Behav. Evol.*, **62**: 201–211
5) Robertson, R. M., Johnson, A. G. (1993) Retinal image size triggers obstacle avoidance in flying locusts. *Naturwissenshaften*, **80**: 176–178
6) Rind, F. C., Simmons, P. J. (1999) Seeing what is coming: building collision-sensitive neurones. *Trends Neurosci.*, **22**: 215–220
7) Rind, F. C., Simmons, P. J. (1992) Orthopteran DCMD neuron: a reevaluation of responses to moving objects. I. Selective responses

to approaching objects. *J. Neurophysiol.*, **68**: 1654-1666
8) Simmons, P. J., Rind, F. C. (1992) Orthopteran DCMD neuron: a reevaluation of responses to moving objects. II. Critical cues for detecting approaching objects. *J. Neurophysiol.*, **68**: 1667-1682
9) Rind, F. C. (1996) Intracellular characterization of neurons in the locust brain signaling impending collision. *J. Neurophysiol.*, **75**: 986-995
10) Rind, F. C., Bramwell, D. I. (1996) Neural network based on the input organization of an identified neuron signaling impending collision. *J. Neurophysiol.*, **75**: 967-985.
11) Hatsopoulos, N., Gabbiani, F., Laurent, G. (1995) Elementary computation of object approach by a wide-field visual neuron. *Science*, **270**: 1000-1003
12) Simmons, P. J., Rind, F. C., Santer, R. D. (2010) Escapes with and without preparation: the neuroethology of visual startle in locusts. *J. Insect Physiol.*, **56**: 876-883
13) Rind, F. C., Santer, R. D., Wright, G. A. (2008) Arousal facilitates collision avoidance mediated by a looming sensitive visual neuron in a flying locust. *J. Neurophysiol.*, **100**: 670-680
14) Santer, R. D., Simmons, P. J., Rind, F. C. (2005) Gliding behaviour elicited by lateral looming stimuli in flying locusts. *J. Comp. Physiol. A*, **191**: 61-73
15) Santer, R. D., Rind, F. C., Stafford, R., Simmons, P. J. (2006) Role of an identified looming-sensitive neuron in triggering a flying locust's escape. *J. Neurophysiol.*, **95**: 3391-3400
16) Santer, R. D., Yamawaki, Y., Rind, F. C., Simmons, P. J. (2005) Motor activity and trajectory control during escape jumping in the locust *Locusta migratoria*. *J. Comp. Physiol. A*, **191**: 965-975
17) Santer, R. D., Yamawaki, Y., Rind, F. C., Simmons, P. J. (2008) Preparing for escape: an examination of the role of the DCMD

neuron in locust escape jumps. *J. Comp. Physiol. A*, **194**: 69–77

18) Fotowat, H., Gabbiani, F. (2011) Collision detection as a model for sensory-motor integration. *Annu. Rev. Neurosci.*, **34**: 1–19

19) Yamawaki, Y., Toh, Y. (2009) Responses of descending neurons to looming stimuli in the praying mantis *Tenodera aridifolia*. *J. Comp. Physiol. A*, **195**: 253–264

20) Burrows M., Rowell C. H. F. (1973) Connections between descending visual interneurons and metathoracic motoneurons in the locust. *J. Comp. Physiol.*, **85**: 221–34

21) Yamawaki, Y. (2011) Defence behaviours of the praying mantis *Tenodera aridifolia* in response to looming objects. *J. Insect Physiol.*, **57**: 1510–1517

22) Sato, K., Yamawaki, Y. (2014) Role of a looming-sensitive neuron in triggering the defense behavior of the praying mantis *Tenodera aridifolia*. *J. Neurophysiol.*, **112**: 671–682

6

筋肉と運動ニューロン

6.1 筋肉というハードウェア

本章と次の章では，運動制御をより深く理解したい読者のために，動物の運動系の仕組みを解説する．筋肉は，状態によって出す力が変わってしまうという点で，実は扱いづらい動力であることがこの章の主題となる．これまでの章と違って，できるだけ体系的な説明を心がけるので，読み進めるのに集中力が必要かもしれない．読み飛ばして，最後の第 8 章に進んでもらっても構わないと思う．

第 1 章でアルゴリズムはハードウェアとほぼ独立であると説明したが，ハードウェアの制限を全く受けないわけではない．本書で紹介してきた運動は筋肉の働きによるので，筋肉の特性とその限界を知っておくことは，運動制御のアルゴリズムの理解に役立つ．その上で，筋肉に収縮の指令を出す運動ニューロンの性質も知っておくことが重要になる．

ハードウェアとアルゴリズムの関係は，車やバイクの運転に例えるとわかりやすいかもしれない．運転の基本は，自動車であろうとバイクであろうと変わらない．それは，アクセルとブレーキで速度を調整し，ハンドルで移動方向を制御するというアルゴリズムになる．しかし，たとえば日本の場合，4 輪の車では運転席の位置が右側に寄っているので，そのことを考慮してハンドルを操作しないと，(特に運転席から離れている側の）車の側面を電柱や壁でこするはめになる．一方，バイクで速い速度で走行中に進行方向を変えるには，ハンドルを曲げるだけでなく体を傾けないとうまく曲がらない．2 輪で不安定なため，遠心力が強く働くからである．どちらの場合でも，うまく運転するにはハードウェアの特性を知ることが重要なのである．

6.2 筋肉の収縮は化学反応

まず，筋肉の化学的な性質から説明しよう．動力としての筋肉と機械との違いは，力の発生機構にある．電磁モーターは磁石が引きつけあったり反発したりする力を利用する．ガソリンエンジンは，ガソリンが燃焼する時に気体が膨張する力を使う．一方，筋肉は化学反応を利用している．筋肉は 2 種類のフィラメント（繊維）が互いに重なり合った構造をしており，それぞれのフィラメントはアクチンとミオシンと呼ばれるタンパク質でできている（図 6.1)[1]．ミオシンはアクチンと結合すると，それを引っ張るように形が変化する．そして，エネルギー源である ATP（アデノシン三リン酸）を分解して，アクチンから離れる．これを繰り返すことで，ミオシンフィラメントとアクチンフィラメントが互いに滑り込んで筋肉が収縮する．ミオシンが形を変える仕組みとして，ミオシンの「頭部」と呼ばれる先端が曲がるとする「首振り説」がほとんどの教科書に載っているが，現在は「レバーアーム説」と呼ばれる別の説が有力

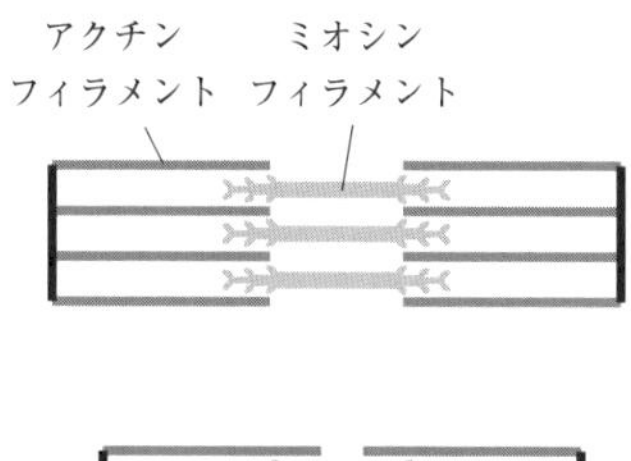

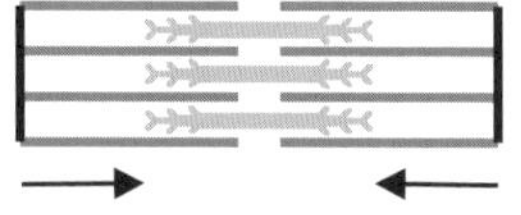

図 6.1　筋収縮の仕組み
ミオシンとアクチンが互いに滑り込むことで収縮する．文献 1 と参考文献 7 をもとに作成．

視されているらしい（詳細は文献 1 を参照してほしい）．ミオシンには普段トロポミオシンというタンパク質が結合していて，アクチンに結合できない状態になっている．筋細胞の中のカルシウムイオンの濃度が高くなると，トロポミオシンが外れて，アクチンと作用できるようになり収縮が起こる．

以上の筋収縮の過程は ATP の分解などの化学反応を伴うため，温度の影響を受ける．基本的に化学反応は温度が高いほど速く進み，温度が低いと遅くなる．それゆえ，体温が低いと筋肉の収縮力は低下する[2)]．トカゲが石垣などで日向ぼっこしているのは，その後の活動のために体温を上げているのだ．もちろん，電磁モーターもガソリンエンジンも温度の影響を受けるが，筋肉ほど低温に弱くはない．筋肉の収縮力には，アクチンとミオシンのフィラメントがどれだけ互いに重なり合っているかも影響する[1)]．重なりが大きく，ミオシンが作用する領域が広いほうが強い力が出せる．その結果，筋肉は縮み具合によって出す力が変わってくる．また，長い時間にわたって筋収縮を続けると，さまざまな要因のために疲労して出す力が減少する[3].

以上をまとめると，モーターやエンジンは環境条件の影響をあまり受けずに安定して力を出すことが期待できるが，筋肉はそうではない．このことは運動制御に重要な問題をもたらす．少し考えてみればわかるが，同じだけアクセルを踏み込んでも，そのたびに加速が異なるような車は運転が難しいだろう．この制御の問題は，次章で考察する．

6.3 筋肉の種類

筋肉にも種類があり，大きく心筋，平滑筋，横紋筋に分けることができる．心筋は心臓を動かす筋肉であり，平滑筋は胃や腸などの内臓を動かす．走ったり物をつかんだりする運動は，骨格に付着した横紋筋の活動によって行われるため，それらは骨格筋とも呼ばれる．我々は手足を動かすように自在に心臓の鼓動を速くしたり胃の動きを活発にしたりすることはできない．しかし，緊張すると心臓の鼓動が速くなり，空腹時に食べ物の匂いを嗅ぐと胃が動いて鳴ったりする．このことから心筋や平滑筋は，横紋筋とは異なる仕組みで制御されていることがわかる．平滑筋と横紋筋の見かけの違いは，ホタテの貝柱を食べる時に観察できる．内側の黄色いほうが横紋筋で，外側の白いほうが平滑筋である[4]．貝柱のうち横紋筋は急速に殻を閉じる時に働き，平滑筋は持続的に閉じる力を出すと考えられている．本書では，動物の行動に深くかかわる横紋筋（骨格筋）に焦点をあてる．

横紋筋は多数の筋繊維の集まりであり，筋繊維は多数の細胞が融合してできた巨大な細胞である．筋繊維の内部には多数の筋原繊維が存在し，筋原繊維はすでに述べたアクチンとミオシンのフィラメントでできている．骨格筋の筋繊維には，大きく分けて2種類，遅

表 6.1　筋繊維の種類
文献 3 を参考に作成.

筋繊維	遅筋	速筋
収縮	遅い	速い
持久力	高い	低い

筋と速筋がある（表 6.1）．速筋は速く強い収縮力を生み出す反面，疲れやすい．一方，遅筋はゆっくりだが長時間続けて収縮が可能である．筋肉の多くはこの 2 種類の筋繊維の両方をもち，どちらの筋繊維が多いかが見た目の色を決める．たとえば，マグロのように泳ぎ続ける魚の筋肉は遅筋線維が多いため赤く見える．一方，ヒラメは速筋線維が多いため白い筋肉をもつ．遅筋と速筋の中間タイプの繊維もある．

6.4 筋肉と関節の力学

次に筋肉と関節の力学的な側面を見ていこう．筋繊維の並び方の違いから，筋肉はおおまかに紡錘状筋と羽状筋（半羽状筋）の 2 種類に分けることができる（図 6.2）．紡錘状筋は長い筋繊維が集まっており，収縮の効率はよいが力が弱い．筋肉の模式図としてよく見られるのは，この紡錘状筋だ．一方，羽状筋では多数の短い筋繊維が腱に対して斜めについている．そのため，強い力を出すことができるが，収縮する距離が短くなる．カニのハサミの部分に羽状筋があるので，今度食べる時に観察してみてほしい．紡錘状筋と羽状筋の違いは，バネを直列につなぐか並列につなぐかの違いといってもいいかもしれない．並列につないだバネのほうが強い力を出すのは，想像がつくだろう．

関節にもさまざまなタイプがあり，肘のように曲げたり伸ばしたりしかできない単純なものから，肩のように上下左右やひねる動き

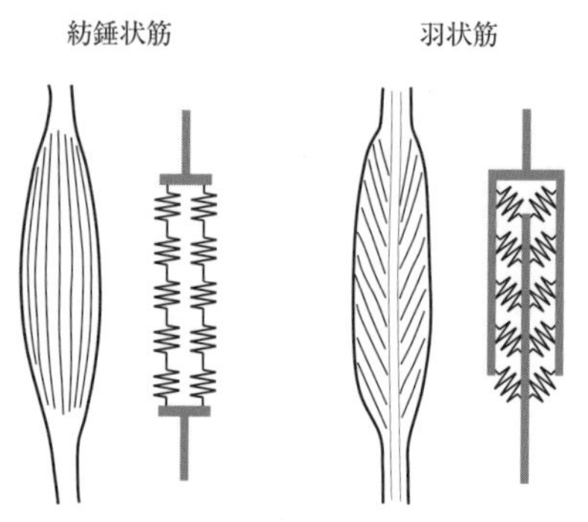

図 6.2　紡錘状筋と羽状筋
文献 3 を参考に作成.

ができる複雑なものまである．しかし，車輪のように連続して回転する仕組みの関節は存在しない．動物の体には血管や神経が隅々まで伸びているので，それらの連絡を維持しながら車輪のような仕組みを備えるのは難しいからと考えられる[5)]．しかし，生物にとって回転する仕組みが不可能なわけではなく，バクテリアの鞭毛はモーターのように回転する．

筋肉は収縮する力しか生み出さない．そのため，ほとんどの関節には 2 つ以上の筋肉がかかわっており，ある筋肉に対して逆の働きをする別の筋肉がある．たとえば，腕の力こぶは上腕二頭筋といい，肘を曲げる力を出す．一方，肘を伸ばす時にはその反対側にある上腕三頭筋が働く．このように，ある筋肉と反対の作用を生み出す筋肉を拮抗筋と呼ぶ．この拮抗筋同士を使って動かす仕組みのおかげで，動物は関節の硬さを自由に変えることができる．拮抗筋の両方（たとえば，上腕二頭筋と上腕三頭筋）を緩ませれば，関節はブラブラになり外力で簡単に動く状態になる．両方を収縮させれば関節はそのままの状態で固まるので，重いものを手で持ち上げたまま止めるといったこともできる．

中には関節に1つの筋肉しかない場合もある．その場合，バネのような仕組みを備えることで，筋肉が緩むと反対方向へ関節が曲がる．洗濯バサミの仕組みを思い浮かべてもらえばよい．たとえば，昆虫の足の先端（ふ節）にはそのような仕組みがある[6]．

バネのような性質を弾性という．筋肉そのものにも少し弾性があるほか，昆虫では関節が弾性をもつ．昆虫は体の表面にクチクラと呼ばれる硬い組織をもつことで，自分の体を支えている．体表すべてが硬くなってしまうと一歩も動けないので，関節部分のクチクラは通常柔らかめになっている．しかしある程度の硬さは残っているのでそれが弾力をもつ．この関節の弾性が昆虫の運動制御に大きな影響を与え，たとえば，筋肉が緩んだ時に関節を所定の位置（たとえば，中程度曲げた状態）に戻す役割を果たす[7]．

運動には重力や慣性も影響するため，筋肉を体のどこに配置するかが重要になる．強い力を出すにはそれだけ大きな筋肉が必要になるが，大きな筋肉はそれだけ重たくなる．鉄アレイを持って手を振り回すには力がいるように，手足の末端に大きな筋肉を備えると動かすのに余分な力が必要になってしまう[5]．そこで，筋肉をなるべく体の中心に備えたまま関節を動かすために，筋肉の端を末端まで長く伸ばすという方法を動物は採用している．筋肉の端は，収縮力をもたない腱という紐状の構造になっており，それが最終的に骨格に付着する．この腱が長く伸びた構造は，特に手の指で顕著である．指の中にはほとんど筋肉がなく，指を伸ばす腱と曲げる腱が入っている．これらの腱は前腕（手首と肘の間）の筋肉までつながっており，それらの筋肉の収縮により指が動く．たとえば，右手で左の前腕を軽くつかんだ状態で，左手で物をつかんだり離したりする動作をしてみてほしい．手の運動に伴う筋肉の動きを感じるはずだ．この仕組みによって，指を太くせずに強い握力を生み出すことが可能になっている．昆虫の脚でも同様の仕組みが存在するため，脚の先端が細くなっている．

6.5 ニューロンの性質

以上のような特性をもつ筋肉の活動を制御するのが，運動ニューロンである．まずニューロンとは何かから説明しよう．ニューロンは神経細胞とも呼ばれ，情報の処理にかかわる最も重要な要素である．神経系にはグリア細胞と呼ばれる細胞も存在し，神経系の発生や維持などに重要な役割を担っている．ニューロンの特徴は興奮するところにあり，この場合の興奮とは電気的な変化のことを指す．細胞は膜で包まれた構造をしており，通常は膜の外側と内側を比べると内側の電位が低くなっている．これを静止膜電位と呼ぶ．ニューロンが興奮すると，膜電位が正の側に向かって上昇する（脱分極と呼ぶ）．一方，ニューロンが抑制されると，膜電位が負の側に下降する（過分極という）．多くのニューロンでは，膜電位が上昇してある一定の値を超えると，最終的に活動電位と呼ばれる応答を示す（図 6.3）．活動電位では，数ミリ秒という短い時間に，膜電位が急激に上昇した後すぐに減少し，最終的にもとの電位に戻る．その記録の形がトゲのように見えるので，活動電位はスパイクとも呼ばれる．膜電位が高く上昇するほど活動電位は頻繁に起こるため，活動電位の頻度がニューロンの興奮の程度の指標となる（静止膜電位や活動電位の発生機構の詳細はここでは触れないので，参考文献 3，7 を参照してほしい）．このように，ニューロンは膜電位の変化や活動電位の発生によって，情報を表現する．

ニューロンには大きく分けて，感覚ニューロン，介在ニューロン，運動ニューロンの 3 種類がある．感覚ニューロンは刺激を受容する仕組みを備えており，たとえば光，音，匂いなどの刺激を受け

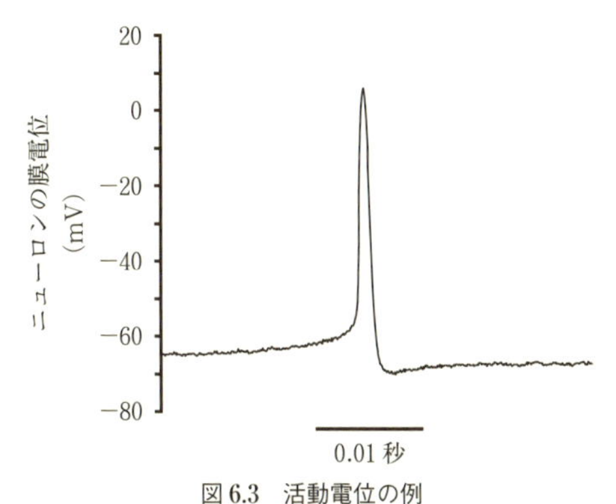

図 6.3　活動電位の例

カマキリ脳のニューロンの活動を細胞内記録した例.

とると興奮したり抑制されたりする．刺激は外部からとは限らず，自分の体の状態，たとえば関節の曲がり具合などの刺激に反応する感覚ニューロンもある．運動ニューロンは特定の筋肉と連絡しており，ほとんどは興奮すると筋肉を収縮させる働きをもつが，筋肉を弛緩させる（緩ませる）運動ニューロンもある．ニューロンの大多数は介在ニューロンであり，他の複数のニューロンから情報を受けとり，情報を処理した結果を他のニューロンに伝える．

脊椎動物の場合，典型的なニューロンは樹状突起，細胞体，軸索からなる（図 6.4a）．ニューロンは，基本的に樹状突起や細胞体で他のニューロンから情報を受けとり，軸索の末端で他のニューロンに情報を伝える．昆虫では，ニューロンの細胞体が脳や神経節の表面に存在し，そこから内部へ細い突起が伸びている（図 6.4b）．その一部は樹状突起のように主に情報を受けとる側枝になり，枝のうちの 1 本が軸索のように長く伸びて情報を渡す側枝になる．そのため昆虫では，ニューロンの興奮や抑制などの活動に細胞体はあまり関与しない．

(a) 脊椎動物の運動ニューロン

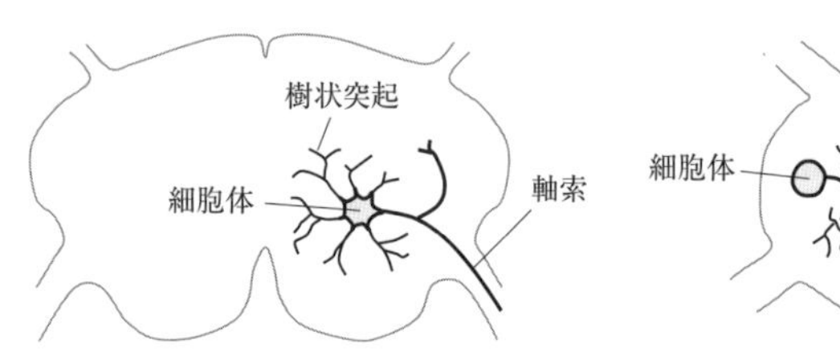

(b) 昆虫の運動ニューロン

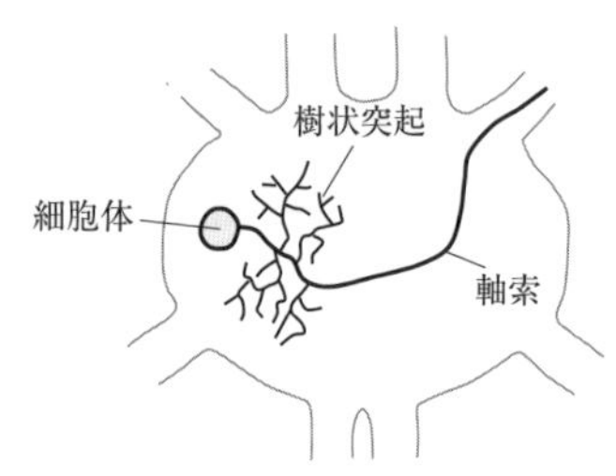

図 6.4　ニューロン形態の模式図
参考文献 3 をもとに作成.

ニューロン同士が情報をやりとりする部分はシナプスと呼ばれる構造であり，多くの場合，軸索の末端と樹状突起の間に形成される．情報を渡す側（軸索側）のニューロンをシナプス前，受けとる側（樹状突起側）をシナプス後と呼ぶ．シナプス前とシナプス後の間にはごく狭い隙間があり，活動電位が軸索末端（シナプス前）に到達すると，そこから物質が放出される．この物質がシナプス後ニューロンで受容されることで情報が伝達される．このような役割を果たす物質を，神経伝達物質と呼ぶ．シナプス後ニューロンには特定の神経伝達物質を受けとるための分子が存在し，それらは受容体と呼ばれる．神経伝達物質には興奮性のものと抑制性のものがあり，それらの物質が受容体に結合すると，シナプス後ニューロンでの膜電位の上昇もしくは下降を引き起こす．

先に，ニューロンの応答は電気信号（膜電位の変化や活動電位）であることを説明した．ここで，なぜ電気信号をそのまま次のニューロンに伝えないのか疑問に思ったかもしれない．実はそのようなシナプスもあり，それは電気シナプスと呼ばれる．電気シナプスはニューロン間の細胞膜に穴を空けてつなげる形で，ニューロン同士を電気的につなぐ．直接，電線でつなぐようなものだと思ってもらえればよい．しかし，多くのシナプスは前述したように神経伝達物質を情報の受け渡しに利用し，それらは化学シナプスと呼ばれる．なぜ，電気信号をわざわざ一度物質に変換するのか？　その利点の1つは，情報伝達の効率を調整できることである．活動電位によって放出される神経伝達物質の量を増やせば信号が強くされ，減らせば信号が弱められることになる．また抑制性の神経伝達物質を利用することで，興奮の信号を抑制の信号に変換できる．電位をそのまま次のニューロンに伝える方式では，こうはいかない．

以上，ニューロン間の情報伝達の仕組みを概説したが，詳細はぜひ教科書を参照してほしい．この本では詳しく説明しないが特に注意してほしいのは，ニューロン自身が計算機構をもつ点である．膜電位の変化はニューロンのある一部分（たとえば，無数にある樹状突起の1つの枝）で起きる現象であり，多数の枝で起きた膜電位の変化が統合された結果，活動電位の発生頻度が決まる．ニューロン1つが複雑な電子回路のような挙動を示し，それこそがニューロンによる「計算処理」なのである．

6.6 運動ニューロンによる筋収縮の制御

運動ニューロンの説明に戻ろう．脊椎動物では脊髄の中に運動ニューロンの細胞体があり，その軸索は筋肉まで伸びている．昆虫では，運動ニューロンの多くが胸部や腹部の神経節に存在する．運動ニューロンはその軸索の末端で筋肉と化学シナプスを形成しており，その部分は神経筋接合部とも呼ばれる．ニューロンの軸索末端から神経伝達物質であるアセチルコリンが放出され，それが筋肉の受容体に結合するとカルシウムイオンの濃度が上がって収縮が引き起こされる．ちなみに，クラーレという毒はこの過程の邪魔をすることで，筋収縮を妨げる．クラーレはアセチルコリンによく似ているため受容体に結合するが，偽物なので収縮は引き起こさない．それどころか，受容体と結合したまま居座ってしまうので，本物（アセチルコリン）の結合の邪魔をする．その結果，体が麻痺して動けなくなってしまう．この作用のため，クラーレは狩の際に矢に塗る毒として使われていた．

1つの筋肉の活動は複数の運動ニューロンによって制御されており，それぞれの運動ニューロンは筋肉の一部の筋繊維にのみ接続している（専門的な用語では，神経支配と呼ぶ）．そのため，1つの運動ニューロンが接続する筋繊維の集団が，制御の最小単位になる．弱い力で十分な時は少数の運動ニューロンが興奮して少数の筋繊維のみを収縮させ，強い力が必要な時には多数の運動ニューロンと筋繊維が興奮する．また個々の筋繊維が出す力は，運動ニューロンの興奮の程度によって調整される．

脊椎動物では，個々の筋繊維は1つの運動ニューロンからのみ制御を受ける．しかし，昆虫では複数の運動ニューロンによる制御を受け，その神経支配に重複がある（図6.5）[6]．脊椎動物の方式は小学校のようなもので，生徒（筋繊維）はいくつかのクラスに分けられ，それぞれのクラスでは担任の先生（運動ニューロン）が授業を含めすべての面倒を見る．一方，昆虫の方式は高校のようなものである．クラスの生徒は皆，同じ担任の先生の世話になるが，一部の生徒は物理の先生の授業を受ける一方で，他の生徒は生物の先生の授業を受けることがある．つまり複数の先生（運動ニューロン）の世話になり，どの先生の世話になるかは生徒（筋繊維）によって異なる．

この点においては，脊椎動物よりも昆虫のほうが複雑な方式を採用している．これは，少数の運動ニューロンで筋収縮を精密に制御するための工夫と考えられ，その理解には運動ニューロンにも種類

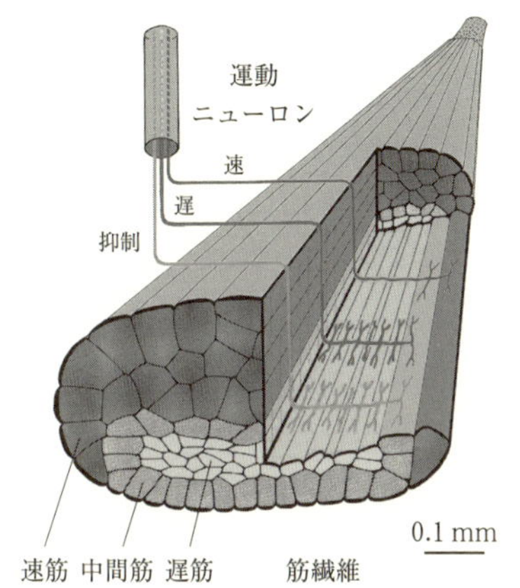

図 6.5　昆虫の運動ニューロンと筋繊維の連絡方式
文献 6 を改変引用.

があることを知っておかねばならない．運動ニューロンは大きく 2 つに分けると速いタイプと遅いタイプがあり，それぞれ別のタイプの筋繊維に接続する[6]．速運動ニューロンは速く強い収縮をするタイプの筋繊維に接続し，一度に数個のスパイクを出すことで瞬間的な強い収縮を引き起こす．一方，遅運動ニューロンは遅くて弱い収縮をするタイプの筋繊維に接続し，連続してスパイクを出すことで持続的な弱い収縮を引き起こす．立ったまま姿勢を維持するような時は，強い力はいらないが収縮し続ける必要があるので，遅運動ニューロンが働く．一方，逃避など急に素早い力が必要な時は，速運動ニューロンが働く．この 2 つの中間タイプの運動ニューロンもある．

さらに昆虫では抑制性運動ニューロンもあり，筋繊維を弛緩させる（緩ませる）働きをもつ[6]．この働きは，速く走る時など関節の急激な伸展と屈曲を繰り返す時に役立つ．たとえば，ある関節を屈曲させたすぐ後に伸展させる場合を考えてみよう．まず屈筋が収縮することで，関節が屈曲する．次に関節を伸展させる時には伸筋が働くが，その際に屈筋が収縮したままでは邪魔である．運動ニューロンから屈筋を収縮させる命令がきていなくても，筋肉が自然に緩むまでには少し時間がかかる．そこで，抑制性運動ニューロンが働き，素早く筋肉を弛緩させる（特に遅筋では緩むまでに時間がかかるため，抑制性運動ニューロンが多く接続している．図 6.5 を参照）．このような抑制の仕組みのおかげで，急激な伸展と屈曲を繰り返すことが可能になると考えられている．

6.7 まとめ

最後にまとめると，脊椎動物では 1 つの筋肉が多数の筋繊維で構成され，それらが多数の運動ニューロンで制御されている．そのため，特定の筋繊維を使うか使わないかで，筋収縮の力の制御が可能である．一方，昆虫では比較的少数の筋繊維を少数の運動ニューロンで制御する必要があるため，それぞれの筋繊維を強く収縮させるのか，弱く収縮させるのか，それとも弛緩させるのかを複数の運動ニューロンが制御しているようだ．

また，筋肉はいつでも同じ収縮力を出すわけではなく，その時の筋肉の伸び具合や疲労などの生理的状態の影響を受ける．さらに，関節は筋肉の収縮によってのみ動くわけではなく，筋肉や関節自身の弾性によっても動く．これら多数の要因が関節の動きに影響を与えるにもかかわらず，動物は正確な運動を成しとげる．その仕組みはまだよくわかっていないが，これまでにわかってきたことを次の章で紹介する．

引用文献

1) 土屋禎三・石井禎基 (2009) 筋肉—動物界最大の力発生メカニズム,『動物の多様な生き方 3 動物の「動き」の秘密にせまる』(日本比較生理生化学会 編), 153-176, 共立出版
2) 藏本武照 (2004) 動物の運動制御機能と熱. 比較生理生化学, **21**: 195-204
3) 村岡 巧 編 (2013)『スポーツ指導者に必要な生理学と運動生理学の知識』市村出版
4) 山田 章 (2009) キャッチ筋—疲れしらずの貝の筋肉,『動物の多様な生き方 3 動物の「動き」の秘密にせまる』(日本比較生理生化学会 編), 177-193, 共立出版
5) 鈴森康一 (2012)『ロボットはなぜ生き物に似てしまうのか』講談社
6) Wolf, H. (2014) Inhibitory motoneurons in arthropod motor control: organisation, function, evolution. *J. Comp. Physiol. A*, **200**: 693-710
7) Ache, J. M., Matheson, T. (2013) Passive joint forces are tuned to limb use in insects and drive movements without motor activity. *Curr. Biol.*, **23**: 1418-1426

中枢による運動制御

7.1 中枢神経系の構造

第6章では，筋肉と筋肉の活動を制御する運動ニューロンについて述べた．この章では，運動ニューロンの活動を制御する中枢神経系の仕組みを説明する．脊椎動物の中枢神経系は脳と脊髄からなり，哺乳類の脳は終脳（大脳），間脳，脳幹，小脳などに分かれる（図7.1）．脳幹は，呼吸や排尿などの生命維持に直接重要な機能を担うほか，姿勢維持や定位行動などにも関与する．そして，終脳の表面にある大脳皮質こそが複雑な運動制御の要であるが，小脳も正確な運動に必須と考えられている．

一方，昆虫の中枢神経系は脳と神経節からなる．頭部には脳と食道下神経節があり，胸部には3つの胸部神経節，腹部には無数の腹部神経節がある（図7.2）．神経節は互いに融合して1つの塊になっている場合があり，その融合のしかたは昆虫の種によって異なる[1]．脳や神経節は縦連合と呼ばれる太い神経でつながっていて，

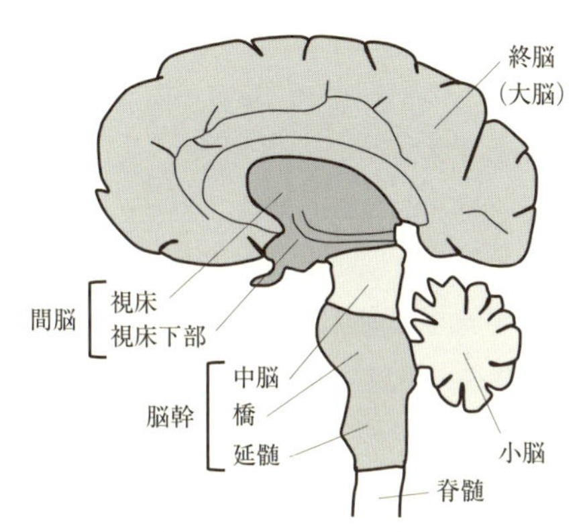

図 7.1　ヒトの脳の模式図
参考文献 3 を改変引用.

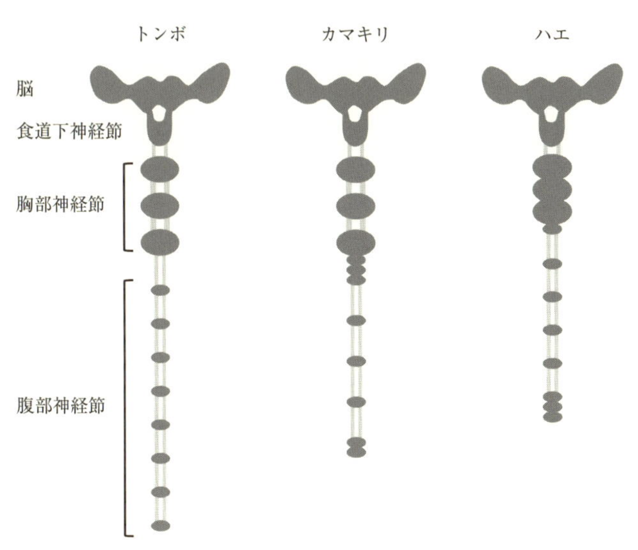

図 7.2　昆虫の神経系の模式図
文献 1 を改変引用.

胸部や腹部の神経節の連なりは腹髄と呼ばれる．脊椎動物の脊髄が体の背側を通っているのに対して，昆虫の腹髄は腹側を通っていることにその名は由来する．

昆虫の脳と脊椎動物の脳は全く別物，と考える読者もいるかもしれない．しかし，たとえば脳の形成を決定する遺伝子は，昆虫と脊椎動物の間で相同である（同じ祖先遺伝子に由来する）ことがわかっている[2]．そのため，昆虫の脳は脊椎動物の脳に対応する器官といってよい．昆虫の脳には約 10 万～100 万個のニューロンが存在する．脳の内部には，ニューロンから伸びた神経突起が集まって接続し合う部分が無数にあり，それらはニューロパイルと呼ばれる．昆虫においても脳の構造は詳細に調べられていて，それぞれのニューロパイルに名称がついている（バッタの例[3] を図 7.3 に示す）．昆虫の頭部には，光の受容器である複眼や主に匂いの受容器である触角などが存在し，それらの感覚情報は基本的に脳のニューロパイルへと伝えられる．たとえば，視覚情報はラミナ，メダラ，ロブラ複合体などのニューロパイルに送られ，嗅覚情報は触角葉に送られる．

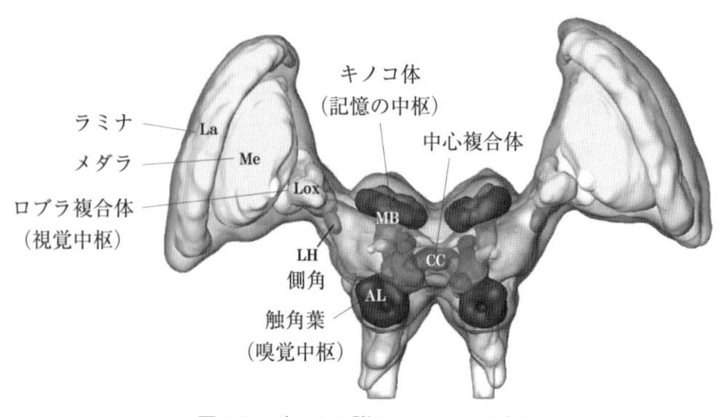

図 7.3　バッタの脳のニューロパイル
文献 3 を改変引用．

一方，昆虫の胸部は前胸，中胸，後胸の3つに分かれ，それぞれ前脚，中脚，後脚が生えている．翅が生えているのは中胸と後胸である．これらの脚と翅の運動の制御に重要な役割を果たすのが，胸部に存在する神経節である．

以上の知識を頭に入れておいて，中枢神経系が運動制御に果たす役割を脊椎動物と昆虫を対比させながら見ていこう．その際に，運動の中でも比較的単純なものから始めて，次第に複雑な運動へと話を進めることで，運動制御の階層性にも触れていきたい．階層性とは，多数の階からなるビルのように順に積み重ねる形で物事が作られていることである．脊椎動物の運動制御では，脊髄，脳幹，大脳という順で階層があると見なすことが，その理解を助けるだろう．単純な運動は基本的に下の階層で取り扱い，複雑になるに従って上の階層の関与が多くなる，という原則が見えてくるはずだ．

また前章で，筋肉の活動が必ずしも安定しておらず，関節の動きにはさまざまな要因が影響するという厄介な問題を紹介した．この問題に対処して正確な運動を成しとげる仕組みについて，章の最後に解説する．

7.2 反射

脊椎動物では脊髄，昆虫では神経節に運動ニューロンが存在することはすでに述べた．最も単純な運動である反射の多くも，脊髄や神経節のレベルで制御される．たとえば，熱いものを触った時に咄嗟に手を引っ込めるような動きは反射であり，意識しないでも行われる．もし，この反応に意識的に考えることが必要だとしたらどうなるだろうか？　手に何か熱いものがあたったと感じて，それから手を引っ込めて離すべきだと決断する間に，どんどん火傷がひどくなってしまうだろう．反射は，特に迅速な応答が必要な時に役立つ．

また，外部の力で筋肉が伸ばされると，筋肉を収縮させてもとに戻すような反応が起きる．これを伸張反射と呼び，姿勢を一定に保つことなどに役立っている．膝の下をハンマーで軽く叩いて，膝が伸びるかどうかを見る検査をされたことがあると思う．この検査は伸張反射が正常に行われるかどうかを見るものだ．膝の下には太ももの筋肉の腱があるので，そこを叩かれると腱が伸びて筋肉が引っ張られる．そのため，反射が起きて太ももの筋肉が収縮した結果，膝を伸ばす運動が起きる．

伸張反射には筋肉内部の感覚器官である筋紡錘が関係する．筋肉は錘外筋と錘内筋で成り立ち，そのほとんどは錘外筋である．錘外筋が実際に運動を引き起こす本体であるのに対し，錘内筋には筋紡錘が形成されている（図 7.4)．筋紡錘には感覚ニューロンの神経繊維が巻きついていて，その感覚ニューロンは脊髄の中で運動ニューロンに直接（シナプスを形成して）連絡している．筋紡錘が引っ張られると感覚ニューロンが興奮し，それが運動ニューロンを興奮させ筋肉を収縮させる．筋肉の収縮により引っ張られた状態が解消されると，感覚ニューロンの興奮は収まって運動ニューロンの活動ももとに戻る．この仕組みにより，伸張反射は関節を一定の角度に保

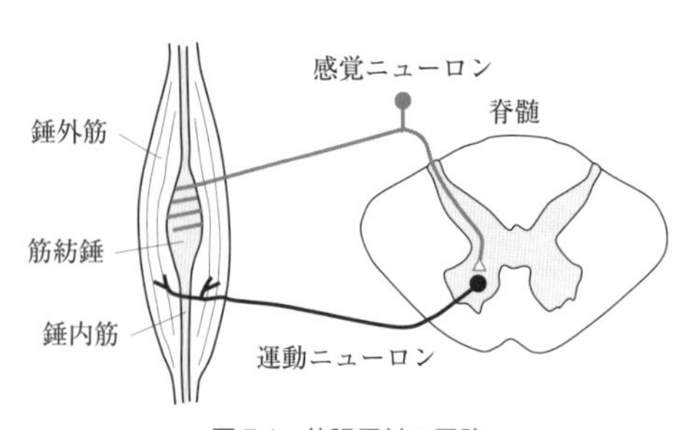

図 7.4　伸張反射の回路
参考文献 7 を改変引用.

つのに役立つ．

しかし，保ちたい関節角度は状況によって異なる．たとえば，肘を伸ばしたまま保ちたい時もあるし，曲げたままにしたい時もある．そこで筋紡錘の錘内筋が収縮の程度を変えることで，保ちたい角度を設定する．たとえば，肘を伸ばした状態では屈筋の錘内筋も伸びた状態になっており，肘を曲げた状態では錘内筋も縮んだ状態になっている．どちらの場合も，設定した肘の角度よりも伸ばされると伸張反射が起きる．刺激の絶対値ではなく変化に応答するのが，感覚器の基本と考えてよいかもしれない．

伸張反射の場合，主な神経回路としては1種類の感覚ニューロンと1種類の運動ニューロンのみの必要最小限で構成されている．だからといって脳による制御を受けないわけではなく，反射が起こらないように意識的に止めることもできる．たとえば，非常に熱いお茶が入った湯飲みを知らずに持ち上げてしまった場合を考えてほしい．とても熱いからといって，すぐに手放したらかえって危険である（もし熱いお茶を体にこぼしたら，ひどい火傷をすることになりかねない）．この場合，脳からの指令が反射を抑えることで，熱くても我慢してそっと湯飲みを置き直すことが可能になる．

昆虫においても伸張反射が報告されており，抵抗反射と呼ばれている[4)]．たとえばバッタの場合，後脚の腿節・脛節の関節が外部の力で曲げられると伸筋が興奮し，伸ばされると屈筋が活動する．この反射には腿節の内部にある弦音器官と呼ばれる感覚器が関与している．

7.3 周期的運動

歩行や飛翔などの周期的運動の多くは，脳がなくても可能である．頭を切り落とされたカマキリは触られると歩き出し，その歩く様子は普通の状態と全く変わらないように見える．昆虫では，胸部神経節が歩行や飛翔の基本的な制御を行い，脳からの指令は運動の調整に重要と考えられている．脊椎動物でも，たとえばニワトリは頭を切り落とされても歩くため，歩行運動の基本的な制御は脊髄が行うことがわかる．そして，脳幹を途中で切断されたネコであっても，脳幹の特定の部分を電気刺激することで人為的に歩かせることができる．

当初，歩行などの周期的運動は，動作によって生じる感覚刺激（フィードバック）が次の動作を引き起こすと考えられていた．たとえば歩行の場合，右足を一歩前に踏み出すと，股関節の動き（右足の太ももが前に出たこと）や地面への接触（右足の裏が地面についたこと）など多数の感覚刺激が生じる．そのような感覚刺激が次に左足を前に出す動作を引き起こし，それを繰り返すことで歩行が成り立つという説が優勢だった．ところが，ウィルソンという研究者がバッタの飛翔を研究したところ，飛翔運動を続けるのに感覚入力は必要ないことが明らかになった．バッタの翅やその付け根にも感覚器があり，翅の位置や変形の具合などを中枢に伝える役割をもつ．ウィルソンがこれらの感覚器からの神経をすべて切ったところ，運動の周期などに影響があったものの飛翔運動自体は問題なく行われた．その後さらに詳細な研究が行われた結果，昆虫では胸部神経節の内部に周期的な運動パターンを生み出す回路があると現在は考えられており，それは中枢パターン発生器（CPG：central pattern generator）と呼ばれる．昆虫だけでなく，多くの動物の歩行や飛翔や遊泳において，中枢パターン発生器が周期的運動を作り出すと考えられている．

中枢パターン発生器の詳細の説明は他書に譲るとして，その基本的なアルゴリズムは2つのシステムが互いに抑制し合うことにあ

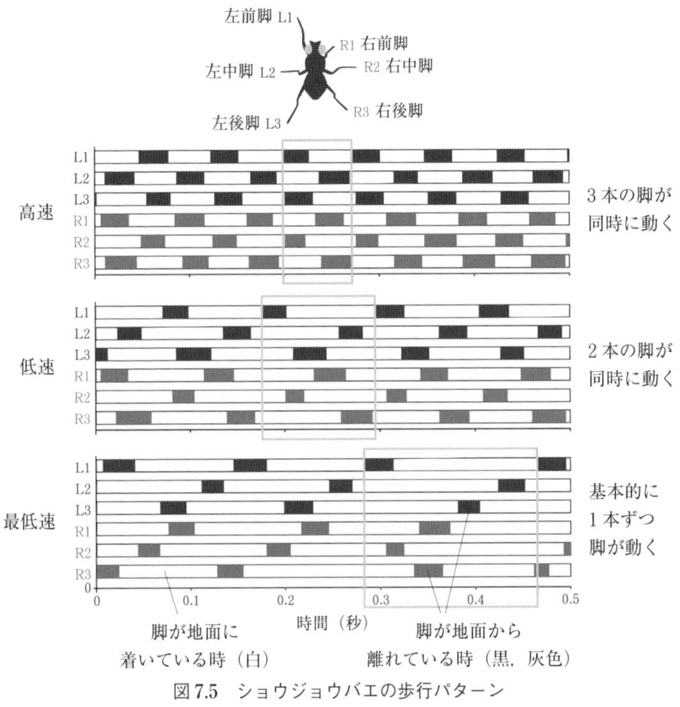

図 7.5　ショウジョウバエの歩行パターン
文献 5 を改変引用.

る．それはシーソーに例えることができるかもしれない．シーソーの片方に乗っている子どもが地面を蹴って飛び上がると，もう片方の子どもは下げられる（抑制される）．しかし，いったん上がってしまうと地面を蹴ることができなくなるので，今度は下がっているほうの子どもが飛び上がることができる．この繰り返しで周期的な運動が可能になる．

昆虫の歩行運動の仕組みは詳細に調べられており，6 本の脚それぞれに専用の中枢パターン発生器があると考えられている[5)]．それらの中枢パターン発生器が特定のルールに基づいて互いに影響し合うことで，複雑な歩行パターンが作られるようだ．昆虫の歩行パターンはいつでも同じわけではなく，その歩く速度に応じて変化する（図 7.5）．非常にゆっくり歩く場合，基本的に脚を 1 本ずつ動かす．少し速度が上がると，2 本の脚を同時に動かすようになる．そして高速で走る場合には，3 本の脚を同時に動かす．この際には隣り合う脚が反対の動作を行い，たとえば右前脚，左中脚，右後脚が同時に前に踏み出す動作をする間は，左前脚，右中脚，左後脚が同時に後ろへ地面を蹴る動作をする．いずれの場合も，常に 3 本以上の脚が地面についていてそれらの脚の間に重心があるため，倒れる危険がない．歩行の周期的運動そのものは中枢パターン発生器によるが，脚を動かすタイミングや大きさの調整には感覚入力が重要な役割を果たす．たとえ何本か脚を失っても歩行パターンが修正されることで，問題なく歩くことができる．歩行運動に関しては，中枢パターン発生器の神経回路全体は明らかになっていない．しかし，昆虫のナナフシでは回路の一部を担うニューロンがわかっている．

7.4 姿勢の維持

脊椎動物では，姿勢の維持に脳幹が重要な役割を果たす．脳幹にある前庭神経核は，体の状態に関する情報を受けとって姿勢を保つ役割をもつ．姿勢の変化は視覚や触覚（足の裏の感覚など）や体性感覚（筋肉や関節の状態）からも知ることができるが，内耳の前庭器官（前庭迷路）によって物理的に検出される．前庭器官には耳石器官と半規管があり，前者が頭部の傾きを，後者が頭部の回転加速度を検出する役割をもつ．

耳石器官には卵形嚢と球形嚢の 2 つがあり，両者とも炭酸カルシウムの結晶（耳石）を含んだゼラチン状の塊に，感覚細胞の毛が埋まった構造をとっている（図 7.6a）．この構造が水平に置かれた卵

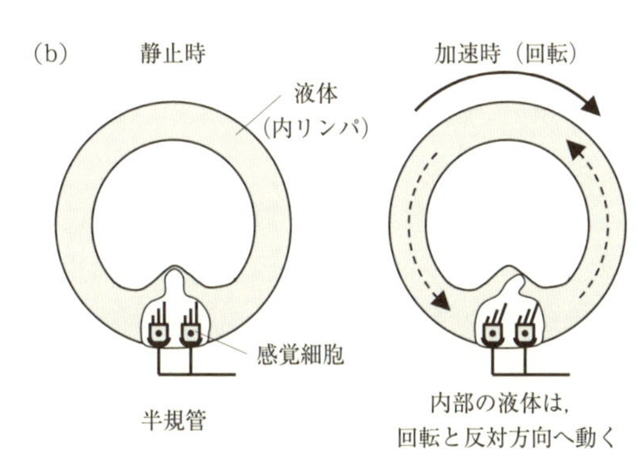

図 7.6　耳石器官（a）と半規管（b）の働き
参考文献 3 をもとに作成.

形嚢の場合，頭が前後や左右に傾くと，重力によって耳石とゼラチン状の塊が傾いた方向へと引っ張られる．この動きを感覚細胞が検出することで，頭の方向を知る仕組みになっている．球形嚢では，同様の構造が垂直に配置されている．

半規管は，3 つの輪が互いに垂直に配置された構造をしており，輪の中には液（内リンパ）が詰まっている（図 7.6b）．頭が回転すると，慣性の法則により輪の内部の液はそれほど動かないので，相対的に液が半規管に対して動くことになる．この動きを感覚細胞が検出することで回転の加速度の情報が得られる．輪が 3 つあるのは，それぞれ前後への回転，左右へ傾く回転，左右に横を向く回転を検出するためである．もし頭の回転が長く続くと内部の液も半規管と一緒に動くようになるため，感覚細胞は刺激されなくなる．その状態で頭の回転を止めると，（慣性の法則により）内部の液のみが回転を続けるので，今度は逆方向に頭が回転している感覚が生じる．これが，体をグルグル回転させた直後では目が回ってまっすぐ立ったり歩けなくなったりする原因である．

耳石器官と半規管で検出された頭の向きや動きの情報は，前庭神経核へと送られる．前庭神経核のニューロンは脊髄へと軸索を伸ばして，足や首を動かす筋肉を支配する運動ニューロンに接続している．そして，それらの運動ニューロンの活動を調節することで，体や頭の向きをまっすぐに保つ．また，前庭神経核は視線の向きを一定に保つ反射にもかかわっており，それは前庭動眼反射と呼ばれる．頭部が意図せずに回転すると，その回転の情報が前庭神経核に伝わり，頭部の回転とは反対方向に眼球を動かす指令が出される．この反射のおかげで，眼球の向きが一定に保たれる．

昆虫の場合，姿勢を維持するために（第2章で紹介したように）主に視覚情報を用いるようだ．しかし，昆虫と同じ節足動物である甲殻類は，脊椎動物の耳石器官に似た平衡胞と呼ばれる感覚器を利用している[6)]．たとえばザリガニの場合，大小2つある触角のうちの小さいほうの付け根に平衡胞がある．平衡胞が傾きを検出する仕組みは，耳石器官とそれほど大きくは変わらない．平衡胞では表皮のクチクラが陥没していて，その中に砂粒を固めてできた平衡石が収まっている．平衡石は感覚細胞から出た毛の上に載っかっていて，体が傾くと平衡石が動いて感覚細胞を刺激する仕組みになっている．

ちなみに，平衡石は体の外側にあるため，ザリガニは脱皮のたびに外皮ごと平衡石を捨ててしまう．そこで，脱皮の後に砂をかぶる行動によって，新たに砂粒を平衡胞の中に取り込む．そのため，ザリガニを飼育する水槽に鉄粉を入れておくと，鉄粉を平衡石にしてしまう．そのザリガニの姿勢を磁石で操るという話は幾度か聞いたことがあるのだが，残念ながらまだ試したことがない．

平衡胞によって傾きを検出したザリガニは，触角や脚などを動かしてもとの姿勢に戻ろうとする．一方，ザリガニの眼は体から突き出ていて動かすことができ，傾きとは反対方向に動いてもとの位置を保とうとする．これは第2章で紹介した補償運動の一種であり，前庭動眼反射のように視線の向きを保つ役割があると考えられる．この眼の補償運動には，脳内のノンスパイキング巨大介在ニューロン（NGI：non-spiking giant interneuron）と呼ばれるニューロンがかかわることがわかっている．NGIは，平衡胞からの情報だけでなく視覚や体性感覚の情報を統合して，補償運動を引き起こす役割をもつようだ．

7.5 定位行動

脊椎動物では，脳幹の上丘という部分が定位行動に関与し，そこには外部の空間に対応した「地図」があることがわかっている．爬虫類や両生類などでは，上丘に相当する部分は視蓋と呼ばれる（図7.7）．上丘（視蓋）は層状の構造をとっていて，上層には視覚情報がその位置関係を保ったまま伝えられる．たとえばカエルの場合，左眼の視野の鼻側（内側）に見える視覚刺激の情報は，右の視蓋の前方外側の領域に届けられる[7]．一方，視野の耳側（外側）の視覚刺激は視蓋の後方内側に届く．視野の上下にある刺激にも同様の対応が認められる．つまり，あたかも視野全体が視蓋に張りついたかのような「地図」が作られている．

そして上丘（視蓋）は，定位運動の目標位置に対応する「地図」

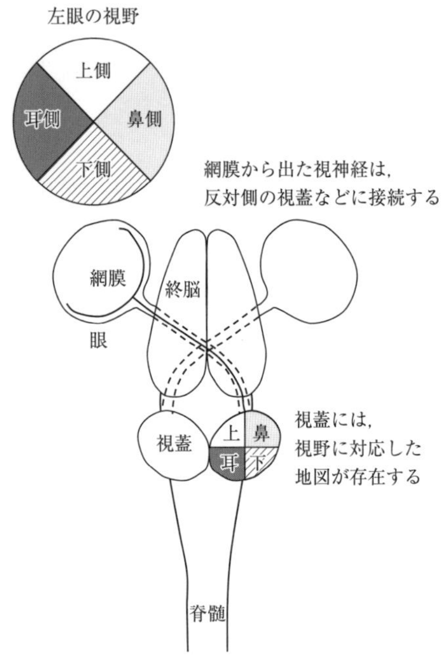

図 7.7　カエル網膜から視蓋への連絡
文献 7 と参考文献 9 を改変引用.

でもある．たとえばカエルの場合，視蓋の活動が定位行動に関与すると考えられており，実際に視蓋の一部を電気刺激すると，対応する視野の位置への定位行動が引き起こされる．霊長類の場合，上丘の下層への電気刺激は眼球による定位運動（サッカード，第 3 章）を引き起こす．上丘の中層には聴覚などの視覚以外の感覚情報も入力される．この入力のおかげで，音がした方向に視線を向けることができると考えられる．これらの特徴から，上丘は定位行動の総合的な中枢といえるかもしれない．

一方，昆虫の脳では上丘と似たような働きをする部分は見つかっていない．たとえば，脳のラミナ，メダラ，ロブラ複合体（図 7.3 参照）には，視野に対応した「地図」がある．しかし，これらのニューロパイルは主に複眼からの情報を受けとる視覚の中枢であって，運動に直接関与するとは考えられていない．上丘に相当する領域として最も可能性が高いのは，脳の中心複合体（図 7.3 参照）と呼ばれる部分かもしれない[8]．たとえば，中心複合体には視覚刺激の水平方向に対応した「地図」があることがバッタで報告されている．また，コオロギやゴキブリでは中心複合体の一部を破壊されると歩行運動に障害が現れるため，運動にも関与することがわかっている．しかし，カマキリの視覚定位行動において，中心複合体がどんな役割を果たすのかは全くわかっていない．

昆虫では，感覚の「地図」は脳よりもむしろ胸部神経節において報告されている．胸部神経節に関してはバロウズのグループが精力的に研究を進めており，その成果によればバッタの胸部神経節には触覚情報の「地図」があるようだ[9]．バッタの脚の表面には感覚毛（第 4 章）があり，何か物体があたるなどの接触刺激を受けると興奮する．それらの感覚毛のニューロンの軸索は，胸部神経節の中の感覚中枢と想定される部分に接続している．そして，その接続のしかたには規則性があり，感覚毛の位置によって接続する場所が違う．たとえば，脚の付け根に近いところにある感覚毛は感覚中枢の上側（頭側）に接続し，足先にある感覚毛は下側（尾側）に接続する．この感覚「地図」だけでなく，運動の「地図」も胸部神経節にあると面白いのだが，そのような報告は今のところない．

7.6 行動の選択と開始

脊椎動物では，行動の選択と開始に大脳基底核と呼ばれる部分がかかわっている．大脳基底核の機能に関してはまだわかっていないことが多くあるが，ごくおおざっぱな言い方をすれば，不適切な行動が行われないように防ぐブレーキの役割をもつようだ．実際，大脳基底核に障害があると，意図せずに運動が起きる症状や反対に動きたくても動けないような症状が出る．たとえば，ハンチントン病では大脳基底核の淡蒼球などに障害が起きた結果，体のさまざまな部分で意味のない運動が勝手に起こる．これは，ブレーキが効かなくなった状態に例えられる．また，パーキンソン病は大脳基底核の黒質の異常によって起こり，患者は手足の震えがある一方で意図して動くことができなくなる．こちらはブレーキが効きすぎた状態に例えられるだろう．

昆虫では，脳の中心複合体が大脳基底核に対応するとの説が，ストラスフェルドの研究グループによって提唱されている[10]．しかし，その根拠は主に解剖学的なデータからの推測であり，直接的な証拠は乏しい．中心複合体の働きに関しては諸説あるので，今後解明すべき課題の１つである．

7.7 複雑な運動の制御

脊椎動物では四肢を使った複雑な運動の制御に，脳幹の赤核という部分がかかわると考えられている．赤核のニューロンは脊髄まで軸索を伸ばして，四肢の筋肉を支配する運動ニューロンに連絡する．そして大脳皮質は，赤核に連絡することで間接的に運動に影響を与える．しかし，霊長類では大脳皮質の関与が大きくなり，特にヒトでは，大脳皮質の多数のニューロンが脊髄の運動ニューロンに直接連絡している[11]．我々が手足を自由に動かすことができ，それまでやったことがない新しい動作が簡単にできるのは，この直接連絡のおかげかもしれない．

大脳皮質には運動制御にかかわる領域が多数あるので，ここでは一次運動野，補足運動野，運動前野の働きを簡単に説明する．一次運動野のニューロンは，脊髄まで軸索を伸ばして運動ニューロンに接続している．そのため，一次運動野のニューロンを電気刺激すると特定の筋肉の収縮が引き起こされ，どの筋肉が動くかは電気刺激した場所によって決まる．一方，補足運動野や運動前野を電気刺激すると，より複雑な運動が引き起こされる．この2つの領域は運動の計画を作成すると考えられており，その機能に関して盛んに研究が進められている．補足運動野は記憶に基づいた連続運動課題に関係するといわれ，運動前野は視覚誘導性の運動に関与するといわれている．補足運動野や運動前野に障害があると，単純な運動はできるので一見問題がなさそうだが，靴紐を結ぶなどの複雑な運動ができなくなるようだ．

小脳は正確な運動制御に欠かせず，その重要性は酔っ払いを見ればわかる．アルコールが小脳に作用してその働きを邪魔すると，動くことはできるのだが動きが不正確になる．そのため，コップをとろうとして倒してしまうような失敗をしたり，歩くとフラフラするようになったりする．また小脳は運動の学習に深くかかわっていると考えられている．新しい動作を習う際には，補足運動野や運動前野，小脳などが活発に働く．練習の結果，動作が熟練してくると補足運動野や運動前野の活動は小さくなるが，一次運動野や小脳は変わらず活動を見せる[11)]．小脳を損傷すると，練習による動作の改善が起こらなくなる．ヒトは他の霊長類と比べて大きな小脳をもっており，それはヒトが行う運動の複雑さを反映しているのかもしれない．

昆虫では，運動制御にかかわる脳の領域についてほとんどわかっていない．昆虫の脳の後方背側には運動領域と推測されている部分があり，その領域に対してさまざまな感覚ニューロンが情報を伝えることがわかっている．そして，運動領域のニューロンには胸部神経節などに軸索を伸ばし，運動ニューロンに直接連絡するものもある（第5章で紹介したDCMDニューロンはその例である）．しかし，この領域の内部にはわかりやすく区別できる構造がないせいか，研究があまり進んでいない．現在，カマキリの脳において運動領域の分類と定義を試みている最中である．

7.8 運動制御のモデル

最後に，眼球運動（サッカード）の制御を題材に，運動の正確さの秘密に少しだけ迫りたいと思う．私に運動制御の面白さを教えてくれたのは，サッカードの研究者であるゴッファートだった．ゴッファートは，フランスのマルセイユにある神経科学研究所でサルを用いて実験を行っており，本来なら私との接点はなさそうな存在だ．しかし，私がカマキリの頭部サッカード（第3章）の仕組みを調べた論文が，彼の目に留まった結果，交流が始まった．ある日突然，面識のない研究者（ゴッファート）から研究室訪問の打診のメールを受けとった私は，どう返事すべきか数日間迷った．迷ったあげく，何となく面白そうだという直感を信じて，彼の訪問を受け入れることにした（損得ではなく，面白いかどうかが私の行動原理である．これにはよい面と悪い面の両方があるので，他人にはおすすめしない）．ちょうどイギリス留学の後であり，英語でのコミュニケーションに以前ほど苦手意識がなかったのも大きかった．来日した彼が説明してくれたサッカードの制御の仕組みは，英語のせいもあって当時は理解が難しかった．研究室で彼が行った講演では，聴衆のほとんどが呆然としていたのを覚えている．しかし，自分で文献を読み進めていくうちに，その面白さがだんだんとわかってきた．もし彼と出会うことがなかったら，難解な論文を頑張って読むことはなかったかもしれない．以下に，その理解の成果を披露する．

初めにまず，運動が不正確になる原因とその対処方法について考えてみよう．すべての信号はノイズを含み，それは視覚などの感覚刺激も例外ではない．そして，ニューロンの応答にも温度などの環境の影響でノイズが生じる．さらに，筋肉の活動も状態によって異なってしまう．これらのノイズのせいで，何もしなければ運動は不正確になる．そこで，感覚情報によるフィードバックが役に立つ．現在の状態と目標の状態を比べて違いがあれば修正する，という方式である．ゆっくりとした運動なら，十分に時間があるので根気よく修正すればいつかは目標に達する．しかし，現実の運動では正確さだけでなく素早さも要求されることが多い．

サッカードはそのような正確で素早い運動の1つである．サッカードは，視野周辺にある特定のターゲットを視野中心で見るために眼球を高速で回転させる動作であり，その実行時間は長くても0.1秒程度である．このような短時間では，感覚フィードバックを利用するのは難しい．それは，視覚情報からターゲットの位置を知るのにも，そのターゲットの位置に応じて運動指令を出すのにも，相応の処理時間が必要となるからだ．実際，サッカードが行われる直前にターゲットの位置を変えても，サッカードはターゲットがもともとあった位置に向かって行われる[12)]．そのため，ちょうど弾丸の軌道が発射の際の速度と方向で決まるように，サッカードの軌道も開始の際にすべて決定されているかのように思われた．

しかし，そうではないことが，さまざまな研究グループによる実験で示唆されている．たとえばゴッファートの研究グループは，サッカードが開始された後に上丘への電気刺激を行い，その影響を観察した[13)]．すでに述べたように，上丘に電気刺激を加えると，その

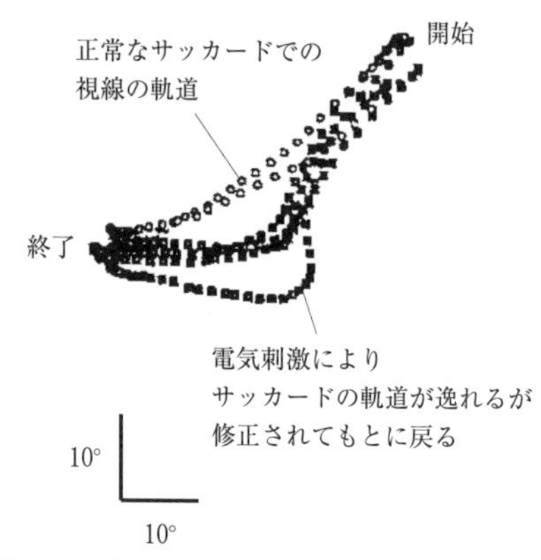

図 7.8　上丘への電気刺激がサッカードに与える影響

丸や四角の各点は，視線の位置（眼球の向き）を示す．文献 13 を改変引用．

刺激部分に対応する視野の位置へのサッカードが引き起こされる．彼らは，その影響があまり強くならないように電気刺激をできるだけ弱くする工夫を行った．その結果，実行中のサッカードの軌道が途中で曲がるのが観察された．面白いのはここからである．もし，サッカードの軌道が開始前に決定されているのなら，電気刺激によって生じた動きは，もとの軌道に足し合わされるだけで終わるはずだ．つまり，電気刺激による動きによって，サッカードは目標から離れた位置に到達するはずである．しかし，実際にはサッカードの軌道は曲がった後に修正されて，当初の目標位置に到達した（図 7.8）．これは，現在の眼球の向きが目標とは異なることを知らせるような仕組み，つまり何らかのフィードバックがないと成り立たない．しかし，感覚情報を利用するには時間が足らないとしたら，一体どんな情報が使えるのか？

そこで考えられたのは，運動指令のコピーを利用するという説である[14]．サッカードの最中は，運動ニューロンが興奮することで筋肉が収縮して眼球が回転する．理論的には，この運動ニューロンの活動状態から，筋肉の収縮具合が予測でき，さらに眼球がどの方向を向くかをその都度予想することが可能である．この予想位置と目標位置を比較することで，サッカードの運動指令を適宜修正すると考えられている．さらに，リーチングと呼ばれる手を伸ばす動作では，この予想位置と感覚情報で得られた実際の位置を比較することで，感覚フィードバックによる制御を行うという説が提唱されている[15)].

サッカードとリーチングのどちらの場合も，運動指令から実際に行われる運動を予測する仕組みが必要となる．しかし前章で述べたように，筋肉の活動は常に同じとは限らない．その時にはうまく予測できても，たとえば筋肉の疲労のせいで予測とは結果がずれるようなことが起こりうる．そこで重要なのが，予測システムの補正である．予測と実際の結果の差は常に小脳に監視されていて，その都度調整が行われているらしい．旅行や試験などで，入念に準備したことが予想外の出来事によって無意味になってしまった経験は少なからずあると思う．ある特定の状況を想定して準備するよりは，想定外の出来事が起きても臨機応変に対応する心構えが大事なのかもしれない．

引用文献

1) Niven, J. E., Graham, C. M., Burrows, M. (2008) Diversity and evolution of the insect ventral nerve cord. *Annu. Rev. Entomol.*, **53:** 253-271

2) ワルター J. ゲーリング 著，浅島 誠 監訳（2002）『ホメオボックス・ストーリー形づくりの遺伝子と発生・進化』東京大学出版会

3) Kurylas, A. E., Rohlfing, T., Krofczik, S., Jenett, A., Homberg, U.

(2008) Standardized atlas of the brain of the desert locust, *Schistocerca gregaria*. *Cell Tissue Res.*, **333**: 125–145

4) Field, L. H., Burrows, M. (1982) Reflex effects of the femoral chordotonal organ upon leg motor neurones of the locust. *J. Exp. Biol.*, **101**: 265–285

5) Büschges, A., Schmidt, J. (2015) Neuronal control of walking: studies on insects. *e-Neuroforum*, **6**: 105–112

6) 山口恒夫 (2000)『ザリガニはなぜハサミをふるうのか　生きものの共通原理を探る』中央公論新社

7) J. P. エヴァート 著, 小原嘉明・山元大輔 訳 (1982)『神経行動学』培風館

8) Homberg, U. (2008) Evolution of the central complex in the arthropod brain with respect to the visual system. *Arthropod Struct. Dev.*, **37**: 347–362

9) Burrows, M. (1996) *The neurobiology of an insect brain.* Oxford University Press

10) Strausfeld, N. J., Hirth, F. (2013) Deep homology of arthropod central complex and vertebrate basal ganglia. *Science*, **340**: 157–161

11) Charles T. Leonard 著, 松村道一・森谷敏夫・小田伸午 監訳 (2002)『ヒトの動きの神経科学』市村出版

12) J. M. フィンドレイ・I. D. ギルクリスト 著, 本田仁視 監訳 (2006)『アクティブ・ビジョン—眼球運動の心理・神経科学』北大路書房

13) Pélisson, D., Guitton, D., Goffart, L. (1995) On-line compensation of gaze shifts perturbed by micro-stimulation of the superior colliculus in the cat with unrestrained head. *Exp. Brain Res.*, **106**: 196–204

14) Goffart L. (2009) Saccadic eye movements. In: Squire L. R.(ed), *Encyclopedia of Neuroscience*, *volume* 8, 437–444, Academic Press

15) Desmurget, M., Grafton, S. (2000) Forward modeling allows feedback control for fast reaching movements. *Trends Cogn. Sci.*, **4**: 423–431

8

ロボットへの応用

8.1 なぜ昆虫を研究するのか

昆虫の研究の歴史は古い．それは農業や衛生上の観点から重要だからだ．絹を作り出すカイコガや蜂蜜を提供してくれるミツバチに対しては，その効率的な繁殖や保護のために昔から研究が行われてきた．また，一部の作物では実をならすのに他の花から花粉を受けとる必要があり，ミツバチが花粉を運ぶ働きをしてくれる．その点においても，ミツバチは人間の生活に役立っている．このような益虫がいる一方で，人を悩ませる害虫も多く存在する．バッタは作物を食い荒らす昆虫として恐れられており，カは病原菌を蔓延させて時に人を死に至らしめる．それらの害虫の発生を防ぐには，敵のことをよく知る必要がある．

日本での害虫駆除の有名な成功例として，沖縄におけるウリミバエの根絶がある[1)]．ウリミバエの雌成虫はキュウリなどの果実に産卵し，孵化した幼虫はその果実を食べて成長する．ウリミバエはウリ類全般だけでなく，パパイヤ，マンゴーなどの果物を害するため，沖縄の農家に深刻な被害を与えていた．それは，単に生産量が減るという問題ではなく，ウリミバエが本州に侵入する危険を防ぐために沖縄産の野菜や果物を本州に送ることが制限されていたからである．しかし，「不妊虫放飼法」という不妊（繁殖能力のない）雄を大量に放す方法で，1993 年にウリミバエは沖縄から根絶された．そのおかげで，今は沖縄産の野菜や果物が日本全国に流通している．

このような実用目的以外に昆虫を研究する意義は，昔はほとんど認められていなかったようだ．今は動物行動学や生態学が普及したおかげで，何らかの学問上の意味があれば研究する意義が認められるようになった．たとえば，動物行動学の分野で昔からある研究テーマとして，警告色の進化がある．警告色とは毒をもつ生き物の派手な体色のことで，捕食者が毒の有無を覚えるのを助ける（毒があることを警告する）効果があると考えられている．長い間，昆虫の警告色の効果を調べた研究では，捕食者として鳥のみが想定されてきた．しかし近年，ハーバースタインの研究グループは，捕食者としてのカマキリの重要性を指摘している[2)]．そのため，カマキリがある昆虫を見つけて捕獲するかどうかを調べる研究は，警告色の進化に昆虫の捕食者が与える影響を検証する，という観点からすれば学問的に重要になってくる．

そして今，昆虫の研究には新たな実用的意義が生まれている．それは工学的な応用である．昆虫に限らず，生物の仕組みを工学的に応用する試みは盛んに行われており，バイオミメティクスと呼ばれている[3)]．最終章では，昆虫の行動の仕組みをロボットに応用した例を紹介するとともに，これまでの章で扱わなかった面白い行動をいくつか取り上げる．実のところロボットへの応用例は多数あるが，運動制御の仕組みそのものを利用したものはまだそれほど多くない．その点を含め，今後の発展について最後に論じたい．

8.2 昆虫の視覚による運動制御の応用

ミツバチがオプティックフローを利用して飛翔を安定させる仕組み（第2章）は，スリニバサンの研究グループによって自動で飛行するヘリコプターに応用されている[4]．このヘリコプターは底面にカメラを搭載しており，移動によって発生するオプティックフローを画像解析することで，飛行の軌道を制御する．たとえば，地上が動いて見える速さを一定に保つことで，高度を一定に保つことに成功している．レーダーや超音波で距離を測る装置を使っても同じことが達成できるが，それらの装置よりも安価な低解像度のカメラで事足りるのが，この仕組みの優れているところだ．また，ミツバチが左右で受けとる動き刺激を同じ量にすることでトンネルの中心を通る仕組みを応用して，通路をぶつからずに走行する車も作成されている．

これらの場合では通常のカメラを用いているが，昆虫の複眼の仕組みをロボットに実装した例もある．フランセスキーミのグループは，昆虫の運動検出器（第2章）のアルゴリズムを使って，動きを検出する電子回路を作成している[3, 5]．この回路では，カメラのようにレンズを使うのではなく，光センサーを複眼のように円形に並べて用いている（図8.1a)．実際にこの回路を搭載したロボットは，動きを検出することで障害物を避けて移動できる．この初期のタイプでは光センサーが100個程度と少なかったが，最近では昆虫の複眼に匹敵する解像度をもつ「人工複眼」の作成に成功している（図8.1b)[6]．複眼の仕組みでは解像度を高くするのに限界があるが，レンズによる像の歪みがなく，焦点を合わせなくてよいなどの利点が

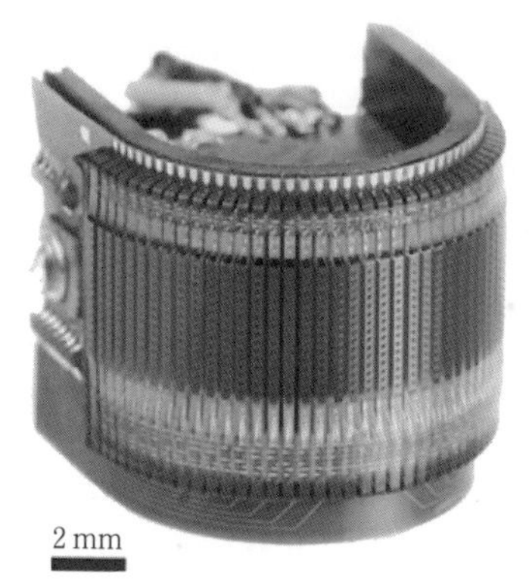

図 8.1　昆虫の複眼の仕組みを利用した「人工複眼」
a は文献 3，5 を，b は文献 6 を改変引用．

ある．

8.3 六足歩行ロボット

応用例の先駆けとして，六足歩行ロボットがある．早くも 1980 年代には，昆虫の歩行を真似た初期のロボットが作成されている．その開発の歴史を詳細に追うのはこの本の目的をはるかに超えてしまうので，ここではいくつか例を挙げるのみにする．

たとえば，クイーンの研究グループは，ナナフシの歩行アルゴリズムを参考にしてロボットを作成している（図 8.2a）[7]．脚の動きは，地面を蹴って進む動作であるスタンスと，脚を上げて前に踏み出す動作であるスウィングからなる．このロボットでは脚を動かす基本的なルールとして，スウィング動作によって脚が最も前に出たらスタンスを開始する，そしてスタンス動作によって脚が最も後方にきたらスウィングを開始する，というふうに設定している．そして，スタンスからスウィングに切り替わるタイミングは，次の 3 つ

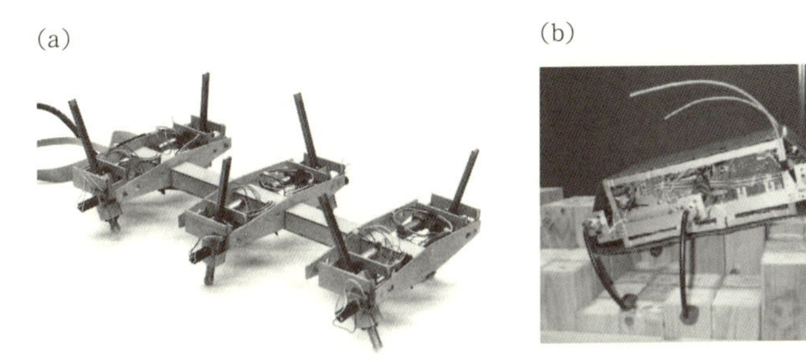

図 8.2　六足歩行ロボット
a は文献 7 を，b は文献 8 を改変引用.

のルールによって調整される.（1）ある脚をスウィングしている間は，別の脚のスウィング開始を抑制する，（2）スタンスを開始した直後は，別の脚のスウィング開始を促進する，（3）スタンスの間に脚の位置が後方になるほど，別の脚のスウィング開始を強く促進する．これらのルールを特定の脚に適用するだけで，ロボットは安定した歩行を見せる．さらに，スタンスの速度を上げて歩行を速くすると，まるで本物の昆虫（図 7.5 参照）のように速度に合わせて歩行パターンを変化させる．この例では，歩行のリズムを生み出す中枢パターン発生器（第 7 章）の仕組みを使わずに，感覚入力によるフィードバックのみを実装することで，実際の昆虫のように柔軟な対応が可能な歩行ロボットの作成に成功している.

これと対照的に，ゴキブリの高速走行を参考にして作られた RHex という別のロボットは，中枢パターン発生器のみで柔軟な歩行を実現している（図 8.2b）[8]．その成功の秘密は，バネのように柔軟性をもつ脚を採用したところにある．3 本ずつ脚を動かすという固定された歩行パターンによって，RHex ロボットは凸凹の地面を比較的高速で走り抜けることができる．柔軟性をもつ脚が，地面の高低差の影響をうまく吸収してロボットの動きを補正してくれるようだ．戦略として対極に位置する両方のロボットにおいて，歩行がうまく実現しているのは面白い．

8.4 コオロギの音源定位の仕組みを備えたロボット

第3章では主に視覚による定位を紹介したが，もちろん他の感覚による定位行動もある．たとえば，コオロギの雌は雄に近づいていく際に，聴覚による定位行動を行う．コオロギの雄は雌を呼び寄せるために鳴き，それは呼び歌（calling song）と呼ばれる．コオロギの翅の付け根にはヤスリのようにギザギザした構造があり，そのギザギザにもう一方の翅をこすることで，翅を振動させて音を出す．その呼び歌に反応して，雌は歩いて近づいていく．この定位行動が主に聴覚を頼りに行われていることは，実際に雄がいなくても，呼び歌を流しているスピーカーに雌が近づいていくことからわかる．

では，音だけでどうやって雄のいる場所まで到達できるのだろうか？　音を出している物（音源）の方向を知るには，いくつか方法がある．耳を2つもつ動物の場合，左右の耳で受けとった音を比較することで方向を知ることができる．原理的には，音が到達したタイミングの差，音の強さの差，音の位相の差の3つが利用できる（図8.3）．左右の耳は互いに少し離れているので，たとえば音源が右側にあれば右の耳に先に音が到達し，後から左耳に到着する．音の速さと左右の耳の距離がわかっていれば，この時間差から方向を推定することが可能だ．また，動物の頭や体は音が伝わるのを邪魔するので，音源と反対側の耳には音が少し弱まって聞こえる．この強度差からも方向を推定することができる．そして，音が波であることがもう1つの手がかりを与えてくれる．音も空気の波であり，海で見られる波に水面が高いところと低いところがあるように，空

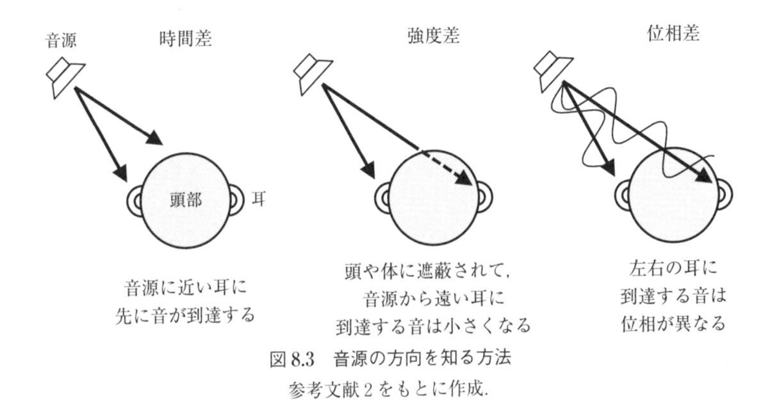

図 8.3　音源の方向を知る方法
参考文献 2 をもとに作成.

気の圧力が高いところと低いところがある．この高低の状態を位相と呼ぶ．やはり左右の耳の位置が違うことから，到達する音の位相に左右差が出るので，これも音源方向を知る手がかりになる．

以上の話は耳を 2 つ使う場合だが，1 つの耳でも音源の方向を知るのは不可能ではない．会話していて相手がいったことがよく聞こえなかった時に，相手に耳を向けたことはないだろうか．耳には音を拾いやすい方向と拾いにくい方向があり，通常は耳の正面から音がくる時に最もよく聞こえる．このような特性を指向性と呼ぶ．指向性を利用する場合，たとえば音を聞きながら耳をゆっくり回転させて，音が最も大きくなった時に回転を止めれば，音源の方向を知ることができる．

コオロギは，この指向性を利用して音源を定位しているようだ．コオロギの耳は前脚にあり，左からきた音は左耳で最もよく聞こえて，右からきた音は右耳で最も大きく聞こえるようになっている．詳しい説明は省略するが，この指向性は音の波の性質（位相）を利用することで成り立っている．コオロギの体は小さいので，どの方向から音がきても左右の耳に到達する音の大きさはほとんど変わらなく，到達するタイミングの差もほとんどないに等しい[9]．そのため，音の位相差を利用して指向性を作り出す仕組みを備えているようだ．そして，雌のコオロギはジグザグに移動しながら左右の耳で聞こえる音の大きさを比較することで，鳴いている雄に辿りつくと考えられている．

ウェッブの研究グループは，このコオロギの音源定位の仕組みをロボットに応用している[3, 9]．このロボットはマイクを左右にもち，（コオロギの耳と同様に）音の位相差を利用して応答に指向性をもたせる計算処理を行う．そして，左右の応答の差から進行方向を決定することで，実際に音源まで歩いて辿りつくことができる．残念ながらコオロギが進行方向を決定する仕組みの詳細はわかっていないため，その部分は人間が推定して作成している．しかし，位相差を利用するという基本的なアイディアはコオロギから得たものである．

8.5 カイコガの匂い源定位の仕組みを備えたロボット

視覚と聴覚に加えて，嗅覚による定位行動もさまざまな昆虫で報告されている．中でも詳しく調べられているのは，カイコガの雄が雌を探索する行動だ．カイコガの雌は独特の匂い物質を放出し，雄はその匂いに惹きつけられて雌に近づく．そのような役割をもつ匂い物質を性フェロモンと呼ぶ．カイコガの性フェロモンの主な成分は，ボンビコールという物質であることがわかっている．カイコガの雄は，その触角に性フェロモンを検出する嗅覚ニューロンを備えていて，効率よく匂いを捉えるために触角には多数の枝分かれがある．多くのガの雄は飛翔して雌を探すが，カイコガは飛べないため歩いて探索する．そのため，研究者にとってはカイコガの嗅覚定位は解析がしやすいという利点がある．

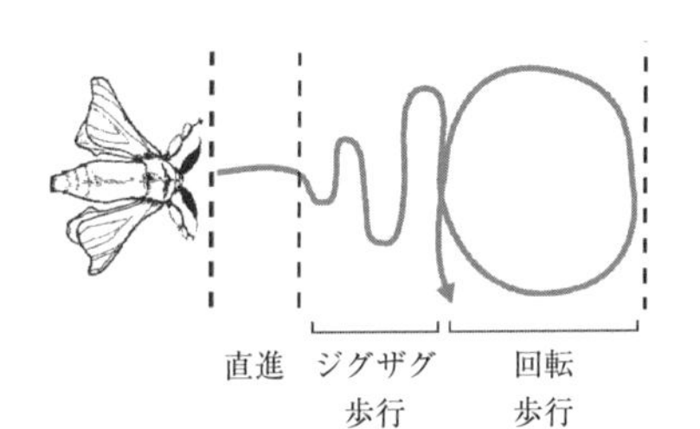

図 8.4　カイコガの匂い源定位のアルゴリズム
文献 10 を改変引用.

嗅覚の場合，刺激の発信源の位置を知るには独特の問題が生じる．光や音が基本的にまっすぐ進むのに対し，匂いの移動は風に影響される．加えて，空気が渦を含んだ乱流を示すために，匂いの分子の濃度は滑らかに変化するのではなく，濃度の高い塊を多数形成しながら流れる．そのため，匂い源に向かって正しく移動していたとしても，受けとる匂いの濃度は増えたり減ったりする．つまり，単純に匂いが濃くなるほうへと移動する作戦は使えない．

このような困った性質に，カイコガの雄は直進とジグザグ歩行を繰り返すという戦術で対処する（図 8.4）[10, 11]．そのアルゴリズムは次のような過程からなる．(1) 匂いが感じられる間はその方向に直進する．(2) 匂いがなくなると，ジグザグにターンしながら歩き，最後は円を描いて歩く．つまり，前回に右に曲がったなら今回は左に曲がり，前回が左なら今回は右というふうに，交互に異なる方向にターンする．ターンの大きさは次第に大きくなり，最後は円を描くように回転歩行をする．このジグザグや回転歩行の間に匂いを検出したら，ただちに (1) の直進歩行に戻る．

このアルゴリズムがうまくいく理由は，以下のように説明できる．匂い源に向かって歩行している時は，匂いに頻繁に遭遇する．その場合，直進が繰り返されるので，ますます匂い源に近づくことができる．一方，匂い源から遠ざかる方向に歩いていると，匂いに遭遇することが少なくなる．すると，ジグザク歩行が開始されて，より良い方向を探すことになる．

このようなジグザグ歩行では，右に曲がる状態と左に曲がる状態が交互に切り替わる．カイコガの脳には交互に応答が切り替わるニューロンが発見されており，それらがジグザグ移動にかかわると考えられている．東京大学の神崎良平教授の研究グループは，それらのニューロンを含んだ匂い源定位の神経回路を推定し，ロボットに搭載することでその機能を検証している．残念ながらフェロモンを検出するセンサーは開発されていないので，このロボットではカイコガの触覚を切りとって生きたセンサーとして利用する．触角に存在する嗅覚ニューロンの応答は電気信号として取り込むことができ，それを電子回路で処理してロボットの移動を指令する．これらの仕組みにより，実際にこのロボットは匂い源に到達できることが示されている．

8.6 サバクアリのナビゲーションの仕組みを備えたロボット

これまで紹介した定位や捕獲行動は，比較的近い位置にある目標に対して起こす運動である．しかし，動物は遠く離れた目標に向かって移動することがあり，目的地へと移動する行為をナビゲーションと呼ぶ．昆虫によるナビゲーションの例として，ウェーナーのグループによるサバクアリの帰巣の研究が有名である．砂漠に棲むサバクアリは餌を求めて数百 m 以上の距離を歩き回り，いったん餌を見つけると巣まで持ち帰る（図 8.5）[12]．人間から見ればその移動距離はそれほどでもないが，アリにとっては大冒険である．なぜなら，砂漠では日中に地表が高温になり，長時間歩き回ることは死に

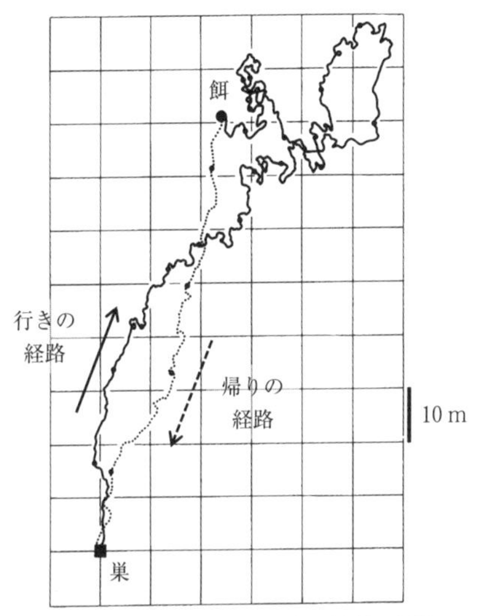

図 8.5　サバクアリの餌探索と帰巣の経路
文献 12 を改変引用.

つながるからだ．餌を見つけたサバクアリが巣まで一直線に帰るのは，地表での滞在時間を少しでも減らすためと考えられる．しかし，砂だらけで目印のない環境で，どうやって巣の位置を知るのだろうか？

巣に確実に帰る方法の 1 つは，来た道を正確に辿って戻ることだ．実際に，通常のアリは道標となる匂いを通り道に残していくことで，確実に巣に戻ることを可能にしている．しかし，砂漠ではそのような匂い物質を残していっても，あっという間に蒸発してなくなってしまう危険がある．しかも，そのような方法では最短距離で帰ることはできない．

サバクアリは自分が通った経路を計算して統合することで，常に巣までの方向と距離を計算していると考えられている[13, 14]．サバクアリが巣までの方向と距離を知っていることは，簡単な実験から明らかになる．帰る途中のアリを捕まえて，少し離れた別の場所に放してやる．すると別の場所にいるにもかかわらず，もとの捕獲された場所から見た巣の方向へ向かって歩き出し，巣があるはずの距離のあたりでうろうろ探し回る行動を見せる．このことから，巣までの方向と距離を記憶していることがわかる．

では，巣までの方向と距離を計算するには，どんな仕組みが必要だろうか？　まず，方向を知るには自分が向いている方角がわからなければ始まらない．サバクアリの場合，空の偏光のパターンから方角を知ると考えられている．偏光とは，振動方向が揃った光のことである．光は波であり，（水面の波のように）進む方向と垂直な方向に振動している．また，光は粒でもあり，明るい光ほどたくさんの粒（光子）を含んでいる．通常の光は，この振動方向が粒（光子）ごとにバラバラでまとまっていない．しかし，ある条件では振動方向が揃うことがあり，そのような光を偏光と呼ぶ．太陽の光も，空気の分子にぶつかって散乱するうちに振動方向が揃って，一定のパターンの偏光を見せる．このパターンは太陽の位置に応じて形成されるので，曇りの日であっても偏光パターンから太陽の位置を知ることができる．そして，ほぼすべての生物は体内時計をもっているので，太陽の位置と時間から方角がわかる．ヒトの眼では偏光は直接検出できないが，昆虫の複眼には偏光を感じる視細胞が存在する．そのため，サバクアリに限らず，多くの昆虫が偏光を利用して方角を知ると考えられている．コオロギやバッタでは，偏光の向きに応じて反応が変わるニューロンが脳で発見されている．

方向に加えて歩いた距離がわかれば，三角関数を使った簡単な式で現在位置をその都度計算することができる（図 8.6）．では，歩いた距離はどうやって測るのか？　サバクアリの場合，歩数から距離

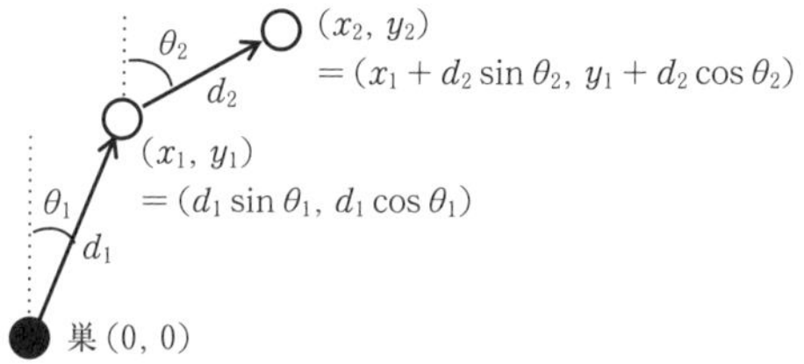

図 8.6　方向 $\boldsymbol{\theta}$ と歩いた距離 $\boldsymbol{d}$ から現在位置 $(\boldsymbol{x}, \boldsymbol{y})$ を計算する方法

を知るようだ[15]．その証拠として，脚を切って短くしたり（細い毛を付け足して）長くしたりすると，アリが感じる距離が長くなったり短くなったりすることがわかっている．サバクアリが実際にどのような計算をしているかは不明だが，偏光を使った方位計と歩数を使った距離計によって，自分の位置を知るらしい．ウェーナーたちは，サバクアリが（数学的に完全な計算を行うのではなく）簡易な近似計算によって巣までの方向と距離を知る可能性を指摘している[12]．

ウェーナーのグループは，昆虫が偏光で方位を知る仕組みを搭載したロボットを作成することで，その有効性を検証している．その結果，このロボットは偏光で検出した方位を利用して，通った経路を計算して統合できることが確認されている．さらに，ウェーナーらは目的地の目印となる風景（ランドマーク）を利用してナビゲーションを行うロボットも，作成している．

8.7 ロボットへの応用における今後の展望

このようにすでに多くの応用例があるものの，昆虫から学べることはまだまだほかにもあるのではないだろうか．六足歩行ロボットなどの例を除けば，応用されているのは主に感覚の仕組みであり，運動の仕組みは研究者が推定したものを使っている場合が多い．しかし，生物においては感覚系と運動系は密接に関係しているため，それらを別々に応用したのではその真価が発揮できない可能性がある．動物はただ刺激を受けとるだけの存在ではなく，積極的に必要な情報を得ようと試みる．この時，感覚系がどんな刺激を受けとるかは運動の結果によって決まり，次に行う運動は感覚情報に基づいて決定される．定位行動は，そのような能動的な知覚が必要とされる典型的な例である．カイコガの嗅覚定位を実現したロボットでは，定位のための運動のアルゴリズムを応用しているが，そのような例は少ない．今後，昆虫の感覚系と運動系を1つの融合したシステムとして捉えた応用の発展を期待したい．カマキリの視覚による定位や前肢の制御の仕組みなどは，そのためのよい手本となる可能性がある．

また，今はロボットの動力として電磁モーターなどが使われているが，今後は人工筋肉の開発が進むことで，より生物に近い動きをするロボットの開発が可能になるかもしれない．その際には，筋肉の制御方法を昆虫に学ぶ必要性が高まってくるのではないだろうか．第6章で述べたように，昆虫は少数の運動ニューロンで筋肉の活動を制御している．そのため，特に小型のロボットを作成する場合に，昆虫における運動制御のアルゴリズムが参考になるかもしれない．

8.8 おわりに

昆虫の行動に関しては，まだまだ多くの面白い研究が報告されている．1つ注意しておきたいのは，この本で紹介した研究は初めから応用を狙って行われたわけではないことだ．研究の発端はすべて科学者の好奇心であり，どう役に立つかは後から思いついたものである．人間の発想には限りがあり，頭の中で考えることは皆似たり寄ったりになってしまいがちだ．そんな中，生き物は人間が思いもよらない方法を教えてくれる[3]．この本を通じて，基礎研究の面白さと大切さを理解してもらえたらと思っている．

第1章で，「こんにちはマイコン」という漫画によってアルゴリズムへの興味を引き立てられたことを述べた．興味をもつことは時に人生を破滅に導くが，多くの場合生活に役立ち，何よりも人生を豊かにしてくれる．料理に興味がある人は食事をより楽しむことができるし，音楽に興味がある人は演奏を楽しむことができる．同様にアルゴリズムへの興味は，世の中のさまざまな仕組みがどうなっているのか考える楽しみを与えてくれる．考える楽しみは，どんな状況であっても奪われることはない．食べ物が手に入らなければ，食事を楽しむことはできないし，楽器がなければ演奏を楽しむことはできない．しかし，考えることはいつでもどこででもできる．この本が，読者に考える楽しみを与える手助けになれば幸いである．

引用文献

1）伊藤嘉昭・垣花廣幸 著（1998）『農薬なしで害虫とたたかう』岩波書店

2）Fabricant, S. A., Herberstein, M. E. (2015) Hidden in plain orange: aposematic coloration is cryptic to a colorblind insect predator. *Behav. Ecol.*, **26**: 38-44

3）下澤楯夫・針山孝彦 監修（2008）『昆虫ミメティクス—昆虫の設計に学ぶ』NTS

4）Srinivasan, M. V., Thurrowgood, S., Soccol, D. (2009) Competent vision and navigation systems. *IEEE Robot. Autom. Mag.*, **16**(3): 59-71

5）Franceschini, N., Pichon, J. M., Blanes, C. (1992) From insect vision to robot vision. *Phil. Trans. R. Soc. Lond. B*, **337**: 283-294

6）Floreano, D., Pericet-Camara, R., Viollet, S., Ruffier, F., Brückner,

A., Leitel, R., Buss, W., Menouni, M., Expert, F., Juston, R., Dobrzynski, M. K., L'Eplattenier, G., Recktenwald, F., Mallot, H. A., Franceschini, N. (2013) Miniature curved artificial compound eyes. *Proc. Nat. Acad. USA*, **110**: 9267-9272

7) Espenschied, K. S., Quinn, R., D., Chiel, H. J., Beer, R. D. (1993) Leg coordination mechanism in the stick insect applied to hexapod robot locomotion. *Adapt. Behav.*, **1**: 455-468

8) Saranli, U., Buehler, M., Koditschek, D. E. (2001) RHex: A simple and highly mobile hexapod robot. Int. *J. Robot. Res.*, **20**: 616-631

9) Webb, B. (1995) Using robots to model animals: a cricket test. *Robot. Auton. Syst.*, **16**: 117-134

10) 並木重宏・神崎亮平 (2013) 鱗翅目昆虫の嗅覚コミュニケーションを担う神経機構. 比較生理生化学, **30**: 45-58

11) 神崎亮平 (2008) 虫の脳の「配線」はどうなっているの？,『昆虫はスーパー脳』(山口恒夫 監修), 41-71, 技術評論社

12) Müller, M., Wehner, R. (1988) Path integration in desert ants, *Cataglyphis fortis*. *Proc. Natl. Acad. Sci. USA*, **85**: 5287-5290

13) 福士 尹 (1996) 砂漠の航行者と草原の航行者—天空コンパスによる定位のメカニズム. 比較生理生化学 **13**: 116-135

14) 弘中満太郎 (2008) 昆虫のナビゲーション戦略を支える記憶. 比較生理生化学, **25**: 58-67

15) Wittlinger, M., Wehner, R., Wolf, H. (2006) The ant odometer: stepping on stilts and stumps. *Science*, **312**: 1965-1967

参考文献

1) 原 一之 (2005)『脳の地図帳』講談社

2) 鈴木光太郎 (1995)『動物は世界をどうみるか』新曜社

3) F. デルコミン 著，小倉明彦・冨永恵子 訳 (1999)『ニューロンの生物学』トッパン

4) 立田栄光・三村珪一・冨永佳也・小原嘉明 (1979)『昆虫の神経生物学』培風館

5) 冨永佳也 編 (1995)『昆虫の脳を探る』共立出版

6) 野崎大地 (2014)『脳と運動のふしぎな関係　体で覚えるって，どういうこと』くもん出版

7) M. F. ベアー・B. W. コノーズ・M. A. パラディーソ 著，加藤宏司・後藤 薫・藤井 聡・山崎良彦 監訳 (2007)『神経科学—脳の探求』西村書店

8) J. G. ニコラス・A. R. マーチン・B. G. ウォーレス 著，金子章道・赤川公郎・河村 悟・渡辺修一 訳 (1998)『ニューロンから脳へ〔第 3 版〕細胞・分子生物学から脳へのアプローチ』廣川書店

9) G. K. H. ツーパンク 著，山元大輔 訳 (2007)『行動の神経生物学』シュプリンガー・ジャパン

あとがき

現在の私があるのは多数の方々のご指導やご支援のおかげであり，それがなければ本書が出版されることはなかっただろう．この機会に，できるだけお礼を述べたいと思う．

すでに第1章で述べたが，改めて両親に感謝の気持ちを表したい．両親は一度も勉強しろということなく，好きなだけ遊ぶことを許してくれた．実家の庭は虫や鳥などの生き物が豊富だっただけでなく，竹藪があったので工作の材料に困ることはなかった．子どもの頃に竹馬や弓矢を作った経験は，のちに実験装置を作る時に大いに役立った．

学生時代は，多くの先生方にお世話になった．宮田隆先生には迷惑しかかけていない気がするが，聞いた話では私の就職が決まった時に人一倍喜んでいたらしい．隈啓一先生と岩部直之先生には，卒論の指導をしていただいた．無頓着な私が，コンピュータが止まりかけるほど異常な負荷がかかるプログラムを作成して実行した時も，大目に見ていただいた（あきれて物がいえなかっただけかもしれない）．今福道夫先生が私を研究室に受け入れて下さった理由は，未だに謎である．直接聞く機会がなかったわけではないが，今となっては聞くのも野暮な気がする．森哲先生からは，動物を使った行動実験の手法を学んだほか，英作文の指導も受けた．残念ながら，短期間に多数の論文を書く姿勢は未だに学べていない．山岸哲先生には，博士論文を提出する際に大変お世話になった．また，大学院の先輩方からは多大な影響を受けた．忘れがたい濃密な時間を過ごしたのも，今となっては幻のように感じる．

就職後には，藤義博先生のほか，岡田二郎氏にお世話になった．岡田氏からは研究手法だけでなく一般常識を学んだ，という謝辞を講演の最後に述べたら，会場の一部で爆笑が起きたことがある（それだけ岡田氏が常識的な人であるということだ）．藤先生の退職後には，市川敏夫先生が研究室を運営して下さったおかげで，私は研究に専念することができた．そして，研究を手伝ってくれた学生の皆にも感謝したい．時に，私の想像の斜め上をいく問題を引き起こすこともあるが，その若さからいつも元気を分けてもらっている．

コーディネーターである巌佐庸先生には，本書の執筆をご紹介いただいただけでなく，原稿に関してご助言をいただいた．共立出版の山内千尋さんには，原稿の完成が半年以上も遅れたせいでご迷惑をおかけした．お詫びとお礼を申し上げたい．本を書くということがこれほどまでに大変だとは思ってもみなかった．まるで，もてる知識を出し尽くした感がある．

最後に，（不機嫌な時もたまにあるが）いつも笑顔で出迎えてくれる妻と娘に感謝したい．自分の帰りを喜んでくれる人がいるのは嬉しいものだ．本書の執筆により，（夢の印税生活は無理だとしても）真珠のネックレスぐらいは妻にプレゼントできないかと期待していたが，契約書を見る限りそれも難しそうだ．娘は本書の内容を理解できる年齢ではないが，本が出版されることをとても喜んでくれている．高校生や大学生になった時に読んで面白く感じてもらえれば，嬉しい限りだ．本書は，娘だけでなくすべての若い世代への贈り物でもあるのだから．

昆虫の視覚情報と運動制御を知りロボットの世界に迫る

コーディネーター　巌佐　庸

昆虫の体は，飛翔するために随分コンパクトにできている．体だけではなく，体を動かす神経系や脳についてもそうである．

たとえばカマキリが餌を狙う場合にも，餌までの距離を測り，攻撃をする．飛翔する昆虫では，飛びながら高さを測ったり，地面にぶつからないように適切な距離を保ったりを正確に遂行せねばならない．ヒトなどの哺乳類や鳥類ならば，大きな脳に情報を集めてそこで計算をして，どう行動すべきかを決められる．しかし小さくてよく動く昆虫では，もっと簡単なメカニズムで素早く判断を下す必要がある．よく考えて組んだ実験を行うと，その原理が明らかになってくる．そのような研究の面白さを，著者の山脇兆史さんは自らの経験とともに魅力的に語ってくれる．

第1章では，昆虫の研究に至った経緯が書かれている．昆虫少年だったわけではなく，むしろコンピュータでプログラミングをするのが好きな子どもだったとのこと．生物をコンピュータで解明することに惹かれて大学院に進学したものの，最終的には動物行動学者に転身する．そしてカマキリの視覚の研究に取り組んで研究の面白さに開眼した．

第2章から第6章まで，昆虫の運動制御のさまざまな側面について述べ，著者自身の研究も含めながら，昆虫が小さな脳を用いて精妙な運動制御を行うことを，さまざまな面から明らかにする．第2章では，視線を一定に保つ視覚運動制御や，自らの姿勢を保つ補償運動について説明する．ミツバチやハエの飛翔制御（高度や速度の維持機構）の例が紹介される．第3章では，目標に合わせて自らの動きを制御するという視覚定位を述べ，カマキリのサッカードや追従運動が詳しく説明される．ハナアブが雌を追いかけたり，ハンミョウが走っては止まったりを繰り返すこと，寄生バエがホストを追いかけたりすることなどのすべてが定位の例なのだ．第4章では，目標に合わせて自らの動きを制御する目標志向型運動を説明する．例として，コオロギのアンテナ定位運動，バッタの引っかき運動，カマキリの捕獲行動などを挙げる．第5章は，動くタイミングを決める仕組みということで，バッタの衝突回避，カマキリの防御行動などを紹介する．

第6章からは，より一般的な動物の運動に関する生物学で，筋肉や運動ニューロンが働く仕組み，関節や筋肉の弾性，慣性の法則，重力の影響について述べる．筋肉と神経細胞の基本を，哺乳類と昆虫とを対比させながら説明する．第7章においては，中枢神経における処理を説明する，鳥や哺乳類など他の動物での情報処理のあり方にも触れながら，昆虫での処理の特色を浮かび上がらせている．中枢で周期的なパターンにより歩行のリズムを作り出すとか，反射だとか，姿勢の維持のために頭部の動きを耳石で検出することなども説明する．

最後の第8章はロボット学への応用である．私には，この章が特に魅力的だ．ここ数年，自動車の自動運転とかが世界中で注目を浴びている．すごい情報処理が必要と思えるが，意外にも簡単な機構で制御が実現していることもある．

本書のあちこちで，山脇さんは現在の研究に辿りついた経緯について語っている．京都大学の大学院では，最初にDNAの配列をコンピュータで比較することによって進化を探る分子進化学グループに所属した．しかしゲノムの塩基配列に向き合う日々に飽き足らず，動物行動学の研究室に移り，コンピュータスクリーンに視覚刺激を示す手法でカマキリの視覚情報処理に取り組んだ．今では，九州大学において教鞭をとりながら，昆虫の運動制御や視覚情報処理の理解に迫っている．

最初から○○の研究者になりたい（そこにはロボットとか，ゲノムとか，代数学とかが入る），というふうに思って，その希望の通りに進んだ人もいるかもしれないが，山脇さんのように試行錯誤しながら，生涯取り組む課題を見つけた人もいる．たぶん，最初から動物行動をと決めていた人以上に，のちの研究に役立つ技術や概念を身につけることができ，山脇さんの独自性，研究上の力になっていると思われる．

本書を生物学の書物として見た時には，3つの際立った特色がある．その第1は，取り上げている対象である．

ここ数十年間の動物行動の研究は，大きく2つの流儀に分かれる．1つは，行動の適応的意義を探るもので，行動生態学ともいわれる．野外での詳細な観察や操作実験によって観測される行動が，他の行動に比べて適応度を改善するものとの仮説を検証する．最適化やゲーム理論などに基づいた数理モデルをふんだんに用いる．他方は，行動の神経的基盤を，さらには分子メカニズムを探るものであり，いわゆる神経脳科学といわれる分野である．

山脇さんの研究の中心はこれらのいずれでもなく，それらの中間を狙うものである．山脇さんは「アルゴリズム」を知りたいのだと表現している．それは問題を解くためのやり方のことである．

たとえば音が左から聞こえてくるか右から聞こえてくるかはどうして知ることができるだろう？　それには音が左右の耳に到達した時間のずれ，左右に到達する音の強さの違い，音の位相の違いなどを使ったり，指向性のある感覚器で音源方向を特定したりもする．これらは同じ目的のための異なるアルゴリズムなのだ．視覚情報から対象までの距離を知ることにも，異なるやり方がある．基本的には両方の眼で見てそれらの画像のズレ具合，つまり両眼視差からわかる．しかし片眼だけでも，ピントを合わせるのにレンズの調整をするので少しはわかるはずだ．対象の大きさがわかっていると，見え方の大きさが距離に関する情報を与えてくれる．

実際には，体の大きさや動きの速さ，生息環境の障害物の多さなどによって効率的に使えるアルゴリズムが変わってくる．そのため，どのアルゴリズムを主として用いるかは種によって異なる．哺乳類ではたぶん，これらのアルゴリズムが複数同時に用いられているだろうが，昆虫ではその１つが強調されていて，研究するに都合がよい面もある．

アルゴリズムに対比されるものとしてハードウェアがあり，力を出す筋肉，情報処理をする神経や脳などを意味する．さらに追求すると，細胞の中での情報処理を担っている分子，記憶だとかシナプスの機能を担っている分子メカニズムもハードウェアの問題だ．アルゴリズムが具体的にどのような神経機構や分子メカニズムで実現しているかはさておき，どういう原理で目的を実現するかを考えたい，それこそが山脇さんの取り上げる研究対象なのだという．

第２の特色は，本書には，アルゴリズム，計算理論，シミュレーション，モデル，フィードフォワード，制御など，数理的，工学的な用語が随所に出てくることである．子どもの時に，両親からコンピュータを与えられたことが，自らの研究の一番大事なきっかけだったと述べる山脇さんは，もともと理論的研究への興味を強くもっていた．ホジキンとハックスレーが，実験の結果を神経細胞の数理モデルとしてまとめ，ノーベル医学生理学賞を受賞したという歴史的成功体験のためかもしれないが，神経科学では数理的解析に対する期待が強い．しかし現時点の生命科学全体で見ると，それは決して一般的ではない．

第3に，ロボティックスへの応用がある．人間にしかできないと考えられてきた知的な作業や判断が，機械によって人間以上に遂行できることがここ数年で急速に注目されるようになった．人工知能がチェスの名人に勝ったとか，自動車が公道で自動運転することが現実的になってきたとか．第8章においては，昆虫の運動制御のアルゴリズムを応用した機械がいくつも紹介されている．たとえば歩行するロボットや，音源を探し当てるロボット，偏光で方位を知って通った経路の情報を正確に理解し巣に帰れるロボットなどもある．

20年ほど前のことだったが，私はベルリン高等研究所で1年を過ごした．数名の研究者がチームを組んで共同研究をするシステムになっており，私自身は性の進化の理論研究のグループを4名ほどで構成し，ゲノム刷り込みや配偶者選択について毎日議論をした．隣の部屋では，コンピュータビジョンのチームが集まっていた．画像解析の専門家，動物の機能を探るサイバネティックスの人，そしてミツバチの行動を研究してきたスリニバサンである．スリニバサンの研究は本書の第2章で詳しく紹介されている．ハチがトンネルを飛ぶ時に，左右の眼のオプティカルフローをバランスさせることで真ん中を飛んでいることについて，トンネル内のパターンを変えたり，ベルトコンベアで動かしたりすることで証明した．それが本当に面白くて，こんな分野の研究をしている人が日本の生物学者にもいるのだろうかと思った．帰国したら，私のオフィスの隣にある藤義博教授率いる動物生理学研究室が一番近い研究室だったことがわかって驚いたものである．

ベルリンの研究所で何より私が感銘を受けたのは，昆虫の視覚処理の専門家とロボット工学や人工知能の専門家が密に共同研究を進めて新しいことに取り組んでいたことだった．現在，自動車の自動運転や人工知能が具体化されつつある．工学は工学，生物学は生物学と，学問をタコツボ化するのではなく，違った分野の研究者が共同して新しいテーマに取り組むのはとても重要なことだ．

オプティカルフローを使って，地面や壁にぶつからないようにドローンや自動車を制御することはすでに実装されているそうだ．これらの機械が動物のような神経系をもっているはずはないが，共通したアルゴリズムを使うことはできる．ここでも山脇さんのハードウェアとアルゴリズムとの区別は納得できる．

神経系や脳の生物学的理解は，心理学の基盤を理解し，人文科学や社会科学にも寄与することが期待される．今世紀の中頃には，人文社会科学から生命科学，そして物質科学や数理科学，さらにはロボティックスなどの工学に至る幅広い学問分野を，神経生物学が基盤になって統合する可能性さえあるといえよう．

過去数十年の生命科学においては，1つの分子を見つけることがその分野の理解を大きく前進させる経験をしてきた．分類学的には非常に遠い動物の間でも，初期発生を見ると，そこに出てくる重要な遺伝子を共有していることが多い．それらの動物は，同じ目的のために共通のアルゴリズムを用いており，さらにはそのアルゴリズムを実現する上で，同じ分子メカニズムを使用していたということになる．その場合，重要な遺伝子や鍵となるタンパク質を捉えることが全体を理解する上で最も重要だ．実際，私が学部生の頃には神秘的とも思えた発生現象や免疫生物学が，詳細にはまだ解明すべきことが残るにせよ，基本はよく理解できたと思えるまでになってきたのは，分子生物学の大成功を物語るものである．

それらに比べると神経科学には，基本的な事柄への理解に未だに困難が残っているようだ．もしかするとその理由の1つは，同じ目的のために複数のアルゴリズムが用いられているからなのかもしれない．もし同じ目的でいくつものアルゴリズムがあり，また1つのアルゴリズムが異なる分子メカニズムで実現されているとすれば，分子を捉えただけでは本質的な理解には至らないだろう．だとすると，まずはアルゴリズムを捉えることが神経系の生命現象の基本を理解する上で最も重要な道になる可能性がある．ひたすらカマキリ，ハンミョウの情報処理や，運動制御の方式を追いかける山脇さんのアプローチが，神経系や脳を理解する上で最も適切なものとなるのかもしれない．

索 引

【さ】

【た】

【な】

【は】

【ま】

【や】

【ら】

著　者

山脇兆史（やまわき よしふみ）

1999 年　京都大学大学院理学研究科博士後期課程修了

現　在　九州大学大学院理学研究院生物科学部門 助教 博士（理学）

専　門　動物行動学，神経生理学

コーディネーター

巌佐　庸（いわさ よう）

1980 年　京都大学大学院理学研究科博士後期課程修了

現　在　九州大学大学院理学研究院生物科学部門 教授 理学博士

専　門　数理生物学

共立スマートセレクション 13
Kyoritsu Smart Selection 13
昆虫の行動の仕組み
—小さな脳による制御とロボットへの応用
Mechanisms of Insect Behavior —Control by Micro-brain and Applications to Robotics

2017 年 3 月 15 日　初版 1 刷発行

著　者　山脇兆史　© 2017

コーディネーター　巌佐　庸

発行者　南條光章

発行所　**共立出版株式会社**
郵便番号　112-0006
東京都文京区小日向 4-6-19
電話　03-3947-2511（代表）
振替口座　00110-2-57035
http://www.kyoritsu-pub.co.jp/

印　刷　大日本法令印刷
製　本　加藤製本

検印廃止
NDC 486.1

一般社団法人
自然科学書協会
会員

ISBN 978-4-320-00913-4

Printed in Japan